Ist doch logisch...

Der Autor

1954 erblickte ich in Elmshorn, einer holsteinischen Klein-stadt in der Nähe von Hamburg, das Licht der Welt. Auf-gewachsen bin ich auf dem Lande, in einer Nachbargemein-de meiner Geburtsstadt. In der ländlichen Volksschule, wie sie damals hieß, absolvierte ich meine ersten vier Schuljahre,

besuchte dann von 1964 bis 1972 ein Gymnasium in meiner Geburtsstadt und legte dort die Abitur-prüfung ab.

Von 1972 bis 1978 absolvierte ich ein Studium der Fächer Mathematik und Physik an der Kieler Universität , das ich 1972 mit dem Staatsexamen für das höhere Lehramt abgeschlossen habe.

In und um Elmshorn war ich danach knapp vier Jahrzehnte lang an verschiedenen Gymnasien und Gesamtschulen als Mathematik- und Physiklehrer tätig, seit den Neunziger Jahren auch mit dem Fach Informatik.

Seit meiner Pensionierung im Jahre 2016 beschäftige ich mich gerne mit fachlichen und fachmethodischen Fragestellungen, insbesondere aus der Mathematik und der Informatik.

Mit einigen meiner gelungensten Ergebnisniederschriften zu diesen Themenkreisen wage ich jetzt den Schritt zur Veröffentlichung. In diesem Sinne stellt der vorliegende Band ein Erstlingswerk dar.

Ich bedanke mich für Ihr Interesse und wünsche Ihnen eine angenehme und interessante Lektüre.

Mögliche Fragen, Anmerkungen und Kritik erbitte ich unter *wegner@wegezumathe.de* .

Ist doch logisch . . .

Was ich schon immer einmal verstehen wollte!

Kurt-Georg Wegner

1. Auflage, Mai 2023

Bibliografische Information der Deutschen Nationalbibliothek:Die Deutsche Nationalbibliothek verzeichnet diese Publikation in der Deutschen Nationalbibliografie; detaillierte bibliografische Daten sind im Internet über *www.dnb.de* abrufbar.

© 2023 Kurt-Georg Wegner, 1. Auflage Mai 2023

Foto auf Seite 2:
    © 2023 *Susann Prüß*, mit frdl. Genehmigung
Graphisches Motiv für den Buchumschlag:
    © *virtosmedia / de.123rf.com*

Herstellung und Verlag:
    BoD – Books on Demand, Norderstedt

ISBN: 978-3-757808471

Inhaltsverzeichnis

1 Einführung   **9**

2 Elemente und Gesetze der Aussagenlogik   **13**

  2.1 Aussagen und Wahrheitswerte   13

  2.2 Aussageverknüpfungen, logische Terme   17

  2.3 Gegenaussage, Negation, Verneinung   19

  2.4 UND - Verknüpfung zweier Aussagen, Konjunktion   21

  2.5 ODER - Verknüpfung zweier Aussagen, Disjunktion   22

  2.6 Tautologien, Kontradiktionen, logische Gesetze   24

  2.7 Äquivalenzen als Aussageverknüpfungen   27

  2.8 Logische Gesetze und Äquivalenzen   29

  2.9 Logische Gesetze für Konjunktionen und Disjunktionen   31

      2.9.1 Idempotenzgesetze   32

      2.9.2 Kommutativgesetze   33

      2.9.3 Assoziativgesetze   33

      2.9.4 Distributivgesetze   37

      2.9.5 Die *de Morgan'schen* Gesetze   41

  2.10 Alle denkbaren Verknüpfungen zweier Aussagen   44

  2.11 Die Antivalenz, Entweder - ODER   47

  2.12 Die Äquivalenz, im Zsh. mit Konj. und Disj.   49

  2.13 Alle zweiwertigen logischen Aussageverknüpfungen   51

3 Logisches Schlussfolgern, Implikationen und Äquivalenzen 53

3.1   Die Implikation   56

   3.1.1 Die Implikation und die Wahrheitswertetabelle   57

   3.1.2 Implikation und Kausalität, direkter Beweis   65

   3.1.3 Der *indirekte Beweis durch Widerspruch*   68

   3.1.4 Mehrstufige Implikationen, Transitivität   71

3.2   Die *Die Kontraposition* der Implikation   73

   3.2.1 *Hinreichende* und *notwendige* Bedingungen   75

   3.2.2 Der *indirekte Beweis durch Kontraposition*   78

3.3   Die *Gegenaussage*, die *Negierung* der Implikation   79

3.4   Die Umkehrung der Implikation   83

   3.4.1 Weitere Implikationen zweier Elementaraussagen   85

3.5   Die Implikation in der Umgangssprache   88

   3.5.1 »*Nur-Formulierungen*« notwendiger Bedingungen   89

   3.5.2 *Verneint formulierte notwendige Bedingungen*   90

   3.5.3 Formulierungen mit »*keine(r), niemals, Niemand*« 91

3.6   Die Äquivalenz, unter dem Blickwinkel der Kausalität   92

   3.6.1 Die Implikation und die Äquivalenz   92

   3.6.2 Genau dann wenn   92

   3.6.3 Hinreichende und notwendige Bedingungen   95

   3.6.4 Dann und nur dann...   96

   3.6.5 Die Äquivalenz, formuliert mit der Verneinung   98

4 Logisches Folgern, anwendungsbezogen   101

4.1   Zurück zur Einleitung   101

4.2   Logische Aufgaben und Rätsel   103

   4.2.1 Eine problematische Einladung   103

   4.2.2 Ein Lügnerproblem   105

   4.2.3 Ein weiteres Lügnerproblem   107

   4.2.4 Ein Hauptgewinn   107

   4.2.5 Ein (un)gelöster Kriminalfall   110

   4.2.6 Ein weiterer Kriminalfall   113

4.2.7 Und ein letzter Kriminalfall   114

5 Danke   **117**

Stichwortverzeichnis   **119**

Inhaltsverzeichnis

1 Einführung

Ist doch logisch..., was sollte auch unklar sein? Zumindest die alltäglichen logischen Fragen unseres Alltags, die lösen wir doch im Handumdrehen. Wir meinen zumindest, diese intuitiv zu beherrschen. Was also sollte es sein, was ich immer mal verstehen wollte? Ich beabsichtige ja nicht, in Mathematik zu promovieren!

Im Alltag begegnen uns häufig Fragestellungen, bei denen aus einer Voraussetzung (»*Prämisse*«) eine logisch korrekte Schlussfolgerung (»*Konklusion*«) gezogen werden soll. Beispiel:

Wenn alle Verkehrsteilnehmer alle Verkehrsregeln beachten,
so folgt daraus,
dass keine Verkehrsunfälle passieren.

Zweifellos ist dies eine logisch korrekte Folgerung. Andernfalls wäre jede Verkehrsregel sinnlos, ja sogar absurd!

Stellen wir jetzt einmal die Frage, was wir denn logisch folgern können, wenn von der *Verneinung der Prämisse*, ihrem logischen Gegenteil ausgegangen wird. »*Alle Verkehrsteilnehmer beachten alle Verkehrsregeln*« soll also eine falsche Aussage sein!
Wird es, als logische Folge, weiterhin keine Verkehrsunfälle geben, oder doch Verkehrsunfälle, viele oder wenige?
Gelingt es Ihnen, liebe Leserin, lieber Leser, diese Frage mit gewohnter

intuitiver Sicherheit zu beantworten? Ich behaupte zumindest, Ihre Stirn wird jetzt ein paar Runzeln mehr haben!

Sollte dies (noch) nicht der Fall sein, könnten wir in unserem Beispiel *»das Pferd von hinten aufzäumen«*. Wir könnten nach der logischen Folge fragen, die sich ergibt, wenn wir die ursprüngliche Folgerung, also das Nichtauftreten von Unfällen, als richtig voraussetzten. Interessant ist auch die Frage, was aus der *Verneinung* der ursprünglichen Folgerung logisch folgt.

Und wem es immer noch nicht reicht, der kann sich gerne an der Frage versuchen, welche der beiden Bedingungen für die jeweils andere *»notwendig«* oder *»hinreichend«* ist, oder beides oder auch keines von beiden!

Es liegt mir fern, logische Gesetze und Zusammenhänge als undurchdringbares und verwirrendes Gedankengebäude darzustellen. Die letzten Bemerkungen sollen lediglich verdeutlichen, dass der Umgang mit Logik nicht intellektuell unterschätzt werden sollte, dass ein rein intuitiver Umgang mit Logik oftmals nicht ausreicht zum Verständnis.

Für das logisch richtige Folgern und Argumentieren gibt es feste, sogar formalisierte Gesetze, mathematischen Sätzen sehr ähnlich und vergleichbar. Diese Gesetze gelten sogar *unabhängig* von Inhalten, die in den Aussagen logisch behandelt werden. Um auch in weniger übersichtlichen Situationen korrekt zu folgern, müssen genau diese Gesetze streng beachtet werden, was wiederum die Kenntnis und das Verständnis derselben erfordert.

Wen ich also durch meine letzten Ausführungen etwas verwirrt, ratlos oder nachdenklich gestimmt habe, der fühle sich ausdrücklich ermuntert und eingeladen, die Lektüre fortzusetzen und dabei Kenntnisse über logische Gesetzmäßigkeiten zu erlernen oder Vorkenntnisse darüber zu wiederholen und zu vertiefen.

Das Ziel dieses Buches ist die Darstellung der wichtigsten Gesetze der Aussagenlogik, ihrer Beweise, ihrer Interpretation und ihrer Veranschaulichung durch geeignete Beispiele. Dabei soll vor allem eine *ausführliche verständliche Darstellung* im Vordergrund stehen. Eine zu große Komplexität versuche ich daher zu vermeiden, ohne dabei eine kompromisslose Klarheit der Begriffe zu vernachlässigen.

Nach aufmerksamer Lektüre sollten auch die in dieser Einleitung beispielhaft aufgeworfenen Fragestellungen einer klaren und unzweideutigen Beantwortung zuzuführen sein. Einstweilen überlasse ich es Ihnen selber, liebe Leserin, lieber Leser, diese Antworten in Eigenverantwortung zu entwickeln. Dies kann und soll gerne *während der Lektüre* geschehen, auch in mehreren Schritten, soweit der jeweilige inhaltliche Fortschritt dies ermöglicht.

2 Elemente und Gesetze der Aussagenlogik

2.1 Aussagen und Wahrheitswerte

Wir beginnen unsere Betrachtungen mit der Definition eines der wichtigsten, wenn nicht des allerwichtigsten Begriffs in der Logik, der Definition des Begriffs »*Aussage*«:

> Eine *Aussage* im Sinne der Logik ist eine Feststellung, sprachlich, fachsprachlich oder formal formuliert, über ein oder mehrere Objekte, abstrakten oder realen Charakters.
>
> Einer *Aussage* muss *jederzeit* und *ohne jeden Zweifel*, *ohne jeden Ermessensspielraum*,
> ein *Wahrheitswert*, »*wahr*« oder »*falsch*«, zugeordnet werden können.
>
> Statt der *Wahrheitswerte* »*wahr*« *oder* »*falsch*« können auch die englischen Vokabeln »*true*« *oder* »*false*« verwendet werden.
>
> Möglich und üblich sind auch
> die *Zahlen* »*1*« *für* »*wahr*« oder »*0*« *für* »*falsch*«.

Folgende Beispiele mögen den *Begriff der Aussage* verdeutlichen:

- Der Mond ist ein Himmelskörper, der sich ununterbrochen um die Erde herum bewegt.
- Die natürliche Zahl 5 ist eine Primzahl.
- Die Bundesrepublik Deutschland ist laut Verfassung ein Königreich.
- Barack Obama war von 2005 bis 2007 Präsident der USA.

Alle vier Sätze sind *Aussagen im Sinne der formalen Logik*, und damit im Sinne der Definition.
Allen 4 Sätzen kann *eindeutig genau ein Wahrheitswert* zugeordnet werden.
Die beiden ersten Aussagen sind *wahr*, die beiden letzten sind *falsch*.

Wir betrachten drei weitere Beispiele, allesamt stellvertretend für Feststellungen, die *keine Aussagen* in Sinne der formalen Logik sind:

- Meine Freundin ist das hübscheste Mädchen in der Stadt.
- Die Nutzung der Kernenergie ist eine risikolose Technologie.
- Äpfel schmecken besser als Birnen.

Diese drei Sätze sind, z.T. sogar aus mehreren Gründen, *keine Aussagen* im Sinne der formalen Logik:

- Z.B. hängt die Zuordnung eines Wahrheitswertes von der subjektiven Beurteilung des Beobachters ab (alle drei Beispiele),
- weiterhin sind beschreibende Eigenschaften oftmals nicht genau definiert, etwa im ersten Beispiel (wie ist »*hübsch*« definiert?),
- oder im dritten Beispiel, in dem, wenn eine *Aussage* vorliegen sollte, eine Geschmacksreihenfolge für unterschiedliche Sorten von Obst *objektiv* definiert sein müsste!

Die zu erfüllenden Anforderungen an eine »*Aussage im Sinne der formalen Logig*« können gebündelt werden in der Anforderung, die Eigenschaft vom *ausgeschlossenen Dritten* zu erfüllen:

> Eine Aussage kann nur die Wahrheitswerte *wahr* oder *falsch* haben, eine dritte Möglichkeit gibt es nicht! (»*tertium non datur*«)

Diese, für logische Aussagen zu fordernde Eigenschaft, stellt ein *Axiom der Aussagenlogik* dar, und als *Axiom* muss es nicht bewiesen werden, es kann auch nicht bewiesen werden!

Aussagen, die im Sinne der *Aussagenlogik* bearbeitet, ausgewertet und interpretiert werden sollen, müssen allerdings die axiomatische *Anforderung des ausgeschlossenen Dritten* erfüllen, andernfalls wäre jede logisch Betrachtung sinnlos!

Anders gesagt, beginnt jede wissenschaftlich logische Bearbeitung von zu untersuchenden Aussagen oder Behauptungen erst dann, wenn die Gültigkeit des Axioms »*tertium non datur*« zweifelsfrei fest steht. Die Logik beginnt erst, wenn die behandelten Aussagen einen festen Wahrheitswert haben, ob bereits bekannt oder nicht!

Insbesondere bedeutet dies, dass der *inhaltliche Hintergrund der Aussagen* jede Bedeutung verliert.

Ein Beispiel verdeutlicht dies möglicherweise prägnanter:

- »Das Wetter ändert sich.«
  ist sicherlich eine korrekte Aussage im Sinne unserer Definition, denn es lässt sich eindeutig ein Wahrheitswert zuordnen. Welche Kriterien im einzelnen für die Wahrheitswertevergabe herangezogen werden sollen, das werden in aller Regel Fachleute

festlegen, in unserem Falle z.B. Meteorologen.

Die Logik als Wissenschaft befasst sich mit der inhaltlichen Frage überhaupt nicht. Sie setzt erst ein, wenn die Wahrheitswerte für die behandelten Aussagen feststehen.

Sie mögen fragen, was für die Logiker denn nun noch untersuchen bleibt? Die Antwort (auf den zweiten Blick) ist komlexer als gedacht:

- »(Das Wetter ändert sich.)   oder   (Es bleibt wie es ist.)«
  ist eine aus zwei Aussagen zusammengesetzte Aussage, eine sog. *Aussagenerknüpfung* , und die beiden zu Grunde liegenden Aussagen sind *genau gegenteilig*! Die gesamte, verknüpfte Aussage, wird damit *wahr*! Anders geht auch es gar nicht, denn die beiden, oder-verknüpften Aussagen, besagen jeweils das Gegenteil der anderen, zusammen genommen aber *immer die Wahrheit*!
  Und bei genauem Hinsehen werden Sie erkennen, dass es dabei keinerlei Rolle spielt, ob wir nun vom Wetter, von Zahlen, von Autos, von Personen oder von sonst etwas reden!
  Einzig wichtig ist, dass die beiden Aussagen logisch *genau gegenteilig* sind !

- »(Eine natürliche Zahl ist gerade.)   oder   (Sie ist ungerade.)«
- »(Ein Auto ist grün.)   oder   (Es ist nicht grün.)«
- »(Ein Verdächtiger ist schuldig.)   oder   (Er ist nicht schuldig.)«

Um die *inhaltlich abhängige* Aussagen besonders namentlich hervorzuheben, definieren wir:

> *Elementaraussagen*
>
> sind Aussagen, deren Eigenschaft des *ausgeschlossenen Dritten* nur durch ihren Inhalt begründet werden kann.

2.2 Aussageverknüpfungen, logische Terme

Im vorigen Abschnitt haben wir beispielhaft gesehen, dass es sinnvoll sein kann, *Verknüpfungen zwischen Aussagen* zu definieren, deren Ergebnis ihrerseits wieder Aussagen sind, die uns weiterhin die Erkenntnis über inhaltsunabhängige Gesetzmäßigkeiten liefern können. Wir werden diesen Weg im Folgenden systematisch weiter verfolgen, verschiedene Aussageverknüpfungen kennenlernen und diese auf ihre Eigenschaften hin untersuchen. Als Prototyp eines *logischen Operators* werden wir darüber hinaus auch die *Verneinung bzw. Negation* und deren Eigenschaften und Gesetzmäßigkeiten kennenlernen.

Um überhaupt über Aussagen und andere logische Objekte kommunizieren zu können, um diese überhaupt einer Beschreibung und Untersuchung zugänglich zu machen, werden *formale Benennungen* und *eindeutige Identifikatoren für logische Objekte* eingeführt und definiert.
Ähnlich wie in der Mathematik werden hzierfür bestimmte Buchstaben benutzt, um *Variablen bzw. Platzhalter oder Stellvertreter* zu definieren. In der Logik stehen die *Variablen* jedoch *stellvetretend für Aussagen*, damit letztlich *stellvertretend für Wahrheitswerte*, anders als in der Mathematik, nicht für Zahlen oder geometrische Objekte!

Die Gesamtheit aller formalen Elemente zur Behandlung logischer Fragestellungen wird auch »*formale logische Sprache*« genannt.

> In formalen logischen Sprache werden oft
> *Großbuchstaben (z.B. A, B, C ...)*
> als »*logische Variablen*« zur
> *verallgemeinerten Darstellung von Aussagen* benutzt.
> *Logische Variablen* stehen
> »*stellvertretend für Wahrheitswerte.*«

Sinnvoll für den Einsatz in formalen logischen Sprachen sind nur solche Aussageoperatoren oder Aussageverknüpfungen, die ihrerseits Aussagen als Ergebnisse liefern. Alle in dieser Abhandlung behandelten logischen Sprachelemente weisen diese Eigenschaft auf.

> Ein zusammengesetzter logischer Ausdruck,
> entstanden durch regelkonforme
> Operatorenanwendung auf Aussagen
> oder durch Verknüpfung von Aussagen, wird
> »*logischer Term*« oder »*logische Aussageform*«
> genannt.
> *Logische Terme* bzw. *logische Aussageformen*
> repräsentieren immer Wahrheitswerte!

Der konkrete Wahrheitswert eines logischen Terms liegt in aller Regel dann erst fest, wenn alle in ihm enthaltenen Aussagevariablen mit Wahrheitswerten belegt sind! Von dieser Regel gibt es allerdings Ausnahmen, sogar wichtige Ausnahmen!

- »(Das Wetter ändert sich.)   oder   (Es bleibt wie es ist.)«

ist beispielsweise eine solche Ausnahme. Unabhängig von den Wahrheitswerten der Elementaraussagen ist die Aussageverknüpfung immer *wahr*.

2.3 Gegenaussage, Negation, Verneinung

Schon in früheren Abschnitten (vgl. 2.1, Seite 15)haben wir gesehen, dass eine Aussage (z.B. **A**) *höchstens 2 Wahrheitswerte* annehmen kann, eine dritte oder gar weitere Möglichkeiten, gibt es nicht!
Wenn eine Aussage also *nicht wahr* ist, so kann sie nur *falsch* sein!
Wenn eine Aussage *nicht falsch* ist, so kann sie nur *wahr* sein!
Zu jeder Aussage A muss es also *genau eine Aussage* $\overline{A}$ geben, die immer den *genau entgegengesetzten Wahrheitswert von A* hat.
Wir definieren:

> Wenn A eine Aussage ist,
> so wird $\overline{A}$ (bzw. $\neg A$), gesprochen »*nicht A*« ,
> als *Gegenaussage bzw. Verneinung von A* bezeichnet.

In einer Wahrheitwertetabelle ergibt sich die Definition so:

A	$\overline{A}$
wahr	falsch
falsch	wahr

A	$\overline{A}$
w	f
f	w

A	$\overline{A}$
1	0
0	1

Eine gut gemeinte Warnung soll an dieser Stelle nicht fehlen:

> Die Formulierung der korrekten Verneinung einer
> Aussage ist nicht immer eine einfache Aufgabe!

Probien Sie beispielsweise einmal die Gegenaussage zu:
$$\text{»}\textit{Nachts sind alle Katzen grau}\text{«} \ !$$

Wird *die Verneinung einer Aussage verneint*, wird also die *Gegenaussage der Gegenaussage einer Aussage* gebildet, so schreibt man $\overline{(\overline{A})}$ bzw. $\overline{\overline{A}}$, und in der Wahrheitswertetabelle ergibt sich:

A	$\overline{A}$	$\overline{(\overline{A})}$ bzw. $\overline{\overline{A}}$
wahr	falsch	wahr
falsch	wahr	falsch

A	$\overline{A}$	$\overline{(\overline{A})}$ bzw. $\overline{\overline{A}}$
w	f	w
f	w	f

A	$\overline{A}$	$\overline{(\overline{A})}$ bzw. $\overline{\overline{A}}$
1	0	1
0	1	0

An der letzten Tabellenspalte erkennen wir, dass die doppelt verneinte Aussage $\overline{\overline{A}}$ für alle denkbaren Wahrheitswerte, die die Aussage A annehmen kann (1 oder 0) mit dieser übereinstimmt. Im logischen Sinne müssen die Aussagen A und $\overline{\overline{A}}$ übereinstimmen, logisch gleichwertig sein! Und diese logische Gleichwertigkeit gilt immer, egal, was die Aussage A thematisch beinhaltet!
Eine solche logische Gleichwertigkeit (schon bald werden wir den Begriff *»Äquivalenz«*, mit dem formalen Symbol des zweiseitigen Doppelpfeiles » $\Longleftrightarrow$ « dafür benutzen) stellt das erste *logische Gesetz* dar, welches wir in dieser Abhandlung kennenlernen.

> Ist A eine Aussage, und $\overline{A}$ deren *Gegenaussage*,
> so ist $\overline{\overline{A}}$, ebenso wie A selber, die Gegenaussage von $\overline{A}$,
> Die doppelt verneinte Aussage $\overline{\overline{A}}$ ist also
> äquivalent zur ursprünglichen Aussage A.
> $$\overline{\overline{A}} \Longleftrightarrow \overline{(\overline{A})} \Longleftrightarrow A$$
> Man spricht hier vom *Gesetz der doppelten Verneinung*.

2.4 UND - Verknüpfung zweier Aussagen, Konjunktion

In Gestalt der *UND-Verknüpfung(Konjunktion)* zweier Aussagen (hier A und B genannt) lernen wir die erste Verknüpfung zweier Aussagen kennen. Inhaltlich wissen wir von A und B gar nichts, stattdessen gehen wir berechtigterweise davon aus, dass diese beiden Aussagen korrekt mit Wahrheitswerten belegt sind, auch wenn wir diese nicht unbedingt kennen.

> Die sprachliche
> *Verknüpfung* zweier Aussagen A und B
> nennt man »*Konjunktion*« :
> Schreibweise: $(A \wedge B)$,   Sprechweise: »*A und B*« .
> Die *Konjunktion* $(A \wedge B)$ wird genau dann *wahr*,
> wenn sowohl A *wahr* wird als auch B *wahr* wird.
> In allen anderen Fällen wird $(A \wedge B)$ *falsch*.

- A: »*Es regnet nicht.*«
- B: »*Der Wind weht mit mindestens 3 Bft.*«

Eine Segeltour kann stattfinden, wenn $(A \wedge B)$ gilt, also wenn es nicht regnet und genügend Wind weht. Bereits die Nichterfüllung einer der Aussagen führt zur Absage der Segeltour.

A und B können jeweils 2 verschiedene Wahrheitswerte annehmen. Bei der Verknüpfung von A und B können also insgesamt $2 \times 2 = 4$ Kombinationen von Wahrheitswerten auftreten, die in die Zeilen einer *Wahrheitswertetabelle* geschrieben werden.

In der Ergebnisspalte (hier: $A \wedge B$) werden die 4 Werte für die Konjunktion angegeben und somit definiert:

A	B	$A \wedge B$
wahr	wahr	wahr
wahr	falsch	falsch
falsch	wahr	falsch
falsch	falsch	falsch

A	B	$A \wedge B$
w	w	w
w	f	f
f	w	f
f	f	f

A	B	$A \wedge B$
1	1	1
1	0	0
0	1	0
0	0	0

Bekannterweise sind alle oben benutzten Darstellungsformen für Wahrheitswerte möglich und üblich, nämlich

»**wahr**« und »**falsch**«,　　»**w**« und »**f**«,　　»**1**« und »**0**«.

Nur aus Gründen der Übersichtlichkeit und der besseren Lesbarkeit findet im nachfolgenden Text nur noch die Variante mit den Ziffern »**1**« und »**0**« für Wahrheitswerte bevorzugte Verwendung.

Lediglich ergänzend sei an dieser Stelle auf die enge thematische Verwandtschaft der *Aussagenlogik* mit der *Mengenlehre* hingewiesen:
Sei M_A die Menge aller Objekte, auf die die Aussage A zutrifft,
M_B die Menge aller Objekte, auf die die Aussage B zutrifft.
Dann sind in der Schnittmenge $M_A \cap M_B$ genau diejenigen Objekte enthalten, auf die die Aussage $A \wedge B$ zutrifft !

2.5 ODER - Verknüpfung zweier Aussagen, Disjunktion

Das begriffliche Pendant zur Konjunktion ist die *Disjunktion zweier Aussagen* bzw. die *ODER-Verknüpfung zweier Aussagen*:

Die sprachliche
ODER -Verknüpfung zweier Aussagen A und B
wird als »*Disjunktion*« bezeichnet.
Schreibweise: $(A \vee B)$, Sprechweise: »*A oder B*« .
Die *Disjunktion* $(A \vee B)$ wird genau dann *wahr*,
wenn A *wahr oder B wahr* wird (**oder beide !!!**).
Einzig und allein in dem Falle,
dass A *falsch* und B *falsch wird*,
wird auch $(A \vee B)$ *falsch.*

- A: »*Eine Steuererklärung kann ONLINE abgegeben werden.*«
- B: »*Eine Steuererklärung kann schriftlich abgegeben werden*«

Eine Steuererklärung gilt als abgegeben und damit als gültig, wenn $(A \vee B)$ gilt, wenn also mindestens einer der beiden Abgabewege, oder auch beide Wege, genutzt wurden.
Als nicht abgegeben und damit ungültig ist die Erklärung nur dann, wenn weder die eine noch die andere Abgabemöglichkeit genutzt wurde.

Die exkte Definition Definition der Verknüpfung erfolgt wieder durch eine *Wahrheitswertetabelle,* an dieser Stelle erstmals nur in der Zifferndarstellung wiedergegeben:

A	B	$A \vee B$
1	1	1
1	0	1
0	1	1
0	0	0

Bei der sprachlichen Interpretation des *logischen ODER* ist ein wenig Vorsicht angesagt. Nicht nur in der deutschen Sprache findet das Wort »*ODER*« gerne Verwendung, wenn eigentlich »*ENTWEDER ODER*« gemeint ist und auch sprachlich korrekt wäre!
Beim *logischen ODER* ist immer die *einschließende Variante* gemeint, und nicht das »alternative ODER«!

Auch hier der ergänzende Hinweis auf die thematische Verwandtschaft zur Mengenlehre:
Sei M_A die Menge aller Objekte, auf die die Aussage A zutrifft,
$\quad$ M_B die Menge aller Objekte, auf die die Aussage B zutrifft.
$\quad$ Dann sind in der Vereinigungsmenge $M_A \bigcup M_B$ genau diejenigen Objekte enthalten, auf die die Aussage $A \vee B$ zutrifft !

2.6 Tautologien, Kontradiktionen, logische Gesetze

Unser Werkzeugkasten der logischen Begriffe ist jetzt so weit entwickelt, dass wir uns, diesmal fachlich präzisiert, ein weiteres Mal an die Aussage mit dem »*Wetter, das sich ändert oder das so bleibt, wie es ist*« (vgl. Seite 16), heranwagen können.
Mit den nunmehr bekannten logischen Sprachelementen kann die Aussage »*Das Wetter ändert sich*« mit A bezeichnet werden, was zur Folge hat dass »*das Wetter bleibt, wie es ist*« die Gegenaussage $\overline{A}$ von A ist. Und mit der *Disjunktion* $(A \vee \overline{A}\,)$ werden Aussage und Gegenaussage ODER - verknüpft.
Die zugehörige Wahrheitswertetabelle

A	$\overline{A}$	$A \vee \overline{A}$
1	0	1
0	1	1

bestätigt nun das, was wir auf Seite 16 bereits erkannt hatten.

Für *alle denkbaren Wahrheitswertebelegungen der Aussage A* wird nämlich die Aussageform $(A \vee \overline{A})$, der logische Term $(A \vee \overline{A})$, zu einer *immer wahren Aussage*!

Und wir können noch weiter gehen, die Aussagenverknüpfung $(A \vee \overline{A})$ wird *für alle denkbaren Aussagen A* zu einer *immer wahren Aussage*, völlig unanbhängig vom Inhalt der Aussage A !

Es gibt also Aussagen und auch Aussageformen, die nichts anderes als »*wahr*« werden können:

> Eine Aussage die *immer wahr* ist, die also bei allen vorstellbaren Variablenbelegungen den Wahrheitswert *wahr annimmt*, nennt man eine »*Tautologie*«.
> Symbolisch wird eine *Tautologie* mit »⊤« bezeichnet, manchmal auch mit dem Großbuchstaben »*W*«.

Die gerade als Einführungsbeispiel benutzte *ODER - Verknüpfung einer Aussage mit ihrem logischen Gegenteil* ist die am einfachsten zu formulierende Tautologie, die vorstellbar ist.

Tautologien haben den Rang *logischer Gesetze*, denn sie können als Aussagen *niemals falsch* werden, sind als Aussagen also *immer wahr* und somit allgemeingültig.

> Werden Aussageformen von höherem Komlexitätsgrad,
> die aus Elementaraussagen zusammengesetzt sind,
> die also *logische Terme* darstellen, zu *Tautologien*,
> so werden diese »*logische Gesetze*« genannt.

Als allgemeingültige und immer wahre Aussagen sind *logische Gesetze* vergleichbar zu Rechengesetzen in der Arithmetik und Algebra, z.B. den binomischen Formeln, die ebenso allgemeingültig sind wie z.B. der *Pythagorassatz* in der Geometrie.

Man kann sagen, dass die logischen Gesetze der Aussagenlogik, insbesondere diejenigen, die wir in dieser Abhandlung kennenlernen werden, die Basis für »*Rechenregeln der Logik*« darstellen.

> Das begriffliche Gegenstück einer Tautologie
> ist eine *immer falsche Aussage*,
> welche »*Kontradiktion*« genannt wird.
> Eine *Kontradiktion* wird mit »⊥« bezeichnet,
> auch der Großbuchstabe »*F*« ist üblich.

Die einfachste aller denkbaren Formulierungen für eine *Kontradiktion* ist die UND - Verknüpfung einer Aussage mit ihrer Gegenaussage, also z.B. $(A \wedge \overline{A})$, deren Wahrheitswertetabelle sich folgendermaßen darstellt:

A	$\overline{A}$	$A \wedge \overline{A}$
1	0	0
0	1	0

Die logische Aussageform $(A \wedge \overline{A})$ kann nichts anderes als *falsch* werden, was, bewiesen durch die Wahrheitswertetabelle, einem weiteren logischen Gesetz gleichkommt!

Ganz wichtig ist auch an dieser Stelle wieder die Feststellung, dass das logische Gesetz *völlig unabhängig vom sachlichen Inhalt der jeweiligen Aussage* gilt!

Beispiele:

- »Das Wetter ändert sich und es bleibt wie es ist.«
- »Eine natürliche Zahl ist gerade *und* sie ist ungerade.«
- »Ein Auto ist grün *und* es ist nicht grün.«
- »Ein Verdächtiger schuldig *und* er ist unschuldig.«

Oft, gerne auch in der Mathematik, wird eine Kontradiktion als »*logischer Widerspruch*« bezeichnet.

Wenn man nämlich, ausgehend von einer als *wahr* angenommenen Aussage A, logisch auf deren Gegenaussage $\overline{A}$ schließen kann, liegt ja insbesondere die Situation $(A \wedge \overline{A})$ vor.

Und hier ist dann $\overline{A}$ einerseits widersprüchlich zu A, andererseits ist die Koexistenz beider Aussagen *logisch unmöglich*, also *immer falsch*!

2.7 Äquivalenzen als Aussageverknüpfungen

Als nächstes werden wir nun die *Äquivalenz* als Fachbegriff für die »*logische Gleichwertigkeit zweier Aussagen*« präzise definieren.

Zwei Aussagen A und B heißen genau dann
»*zueinander logisch äquivalent*«
wenn sie, unter allen Umständen und unter allen
denkbaren Variablenbelegungen,
in all ihren Wahrheitswerten übereinstimmen.
(Schreibweise $A \Longleftrightarrow B$)

In einer Wahrheitswertetabelle liest sich diese Definition folgendermaßen:

A	B	$A \Longleftrightarrow B$
1	1	1
1	0	0
0	1	0
0	0	1

Ein einfaches, der Arithmetik entnommenes Bespiel, möge den Begriff der *Äquivalenz veranschaulichen*:

- Aussage A: Die letzte Ziffer einer natürlichen Zahl ist *gerade*.
- Aussage B: Eine natürliche Zahl ist *gerade*.

Der (an dieser Stelle inhaltlich überhaupt nicht zur Diskussion stehende) mathematische Satz über die Teilbarkeit durch 2 lässt sich logisch durch die Äquivalenz ($A \Longleftrightarrow B$) ausdrücken.

Äquivalente Aussagen sind im Sinne der Logik voneinander *nicht unterscheidbar*, denn sie haben unter gleichen Voraussetzungen immer übereinstimmende Wahrheitswerteverteilungen!

Man spricht auch von »*logischer Gleichwertigkeit*«, vergleichbar der *Gleichheit zweier Zahlen* in der Arithmetik und Algebra oder im Sinne der der *Kongruenz zweier Figuren* in der Geometrie.

2.8 Logische Gesetze und Äquivalenzen

Mit Hilfe von Äquivalenzen lassen sich viele logische Gesetze einfacher und prägnanter formulieren, charakterisieren und auch beweisen. Wir wollen dies beispielhaft an den bereits behandelten und bekannten logischen Gesetzen betrachten.

- Das *Gesetz der doppelten Verneinung* (vgl. Seite 20)
  lässt sich formulieren als: $\overline{\overline{A}} \iff \overline{\left(\overline{A}\right)} \iff A$.
  Wir schauen uns nochmals die Wahrheitswertetabelle der *doppelten Verneinung* an, diesmal um eine Spalte erweitert:

A	$\overline{A}$	$\overline{\overline{A}}$	$\overline{\overline{A}} \iff A$
1	0	1	1
0	1	0	1

  Die als *logisches Gesetz immer wahre Äquivalenz* erweist sich in der Wahrheitswertetabelle als *Tautologie*.

- Das *logische Gesetz*, dass die ODER - Verknüpfung (Disjunktion) einer Aussage mit ihrer eigenen Gegenaussage immer eine Tautologie ist (vgl. Seite 25), lässt sich formulieren als:
  $\left(A \vee \overline{A}\right) \iff \top$.
  Die zugehörige Wahrheitswertetabelle ergibt sich wie folgt:

A	$\overline{A}$	$A \wedge \overline{A}$	$\top$	$\left(A \wedge \overline{A} \right) \Longleftrightarrow \top$
1	0	1	1	1
0	1	1	1	1

Auch in dieser Wahrheitswertetabelle erweist sich die als *logisches Gesetz immer wahre Äquivalenz* (letzte Spalte) als *Tautologie.*

- Das *logische Gesetz*, dass die UND - Verknüpfung (Konjunktion) einer Aussage mit ihrer eigenen Gegenaussage immer eine Kontradiktion ist (vgl. Seite 27), lässt sich formulieren als:
$\left(A \wedge \overline{A} \right) \quad \Longleftrightarrow \quad \bot$.

Die zugehörige Wahrheitswertetabelle ergibt sich wie folgt:

A	$\overline{A}$	$A \wedge \overline{A}$	$\bot$	$\left(A \wedge \overline{A} \right) \Longleftrightarrow \bot$
1	0	0	0	1
0	1	0	0	1

Auch in dieser Wahrheitswertetabelle erweist sich die als *logisches Gesetz immer wahre Äquivalenz* (letzte Spalte) als *Tautologie.*

Was wir in den letzten 3 Beispielen als Regelmäßigkeit erkennen konnten, lässt sich durchaus verallgemeinern:

Eine Äquivalenz, die ein logisches Gesetz darstellt, ist in ihrer Wahrheitswertetabelle immer als *Tautologie* zu erkennen.

Liegt umgekehrt *kein logischen Gesetz* vor, so ist in der Wahrheitswertetablle erkennbar, dass die untersuchte Äquivalenz *keine Tautologie* ist.

Auch der Beweis der Allgemeingültigkeit einer Äquivalenz ist mit Hilfe einer entsprechenden Wahrheitswertetabelle möglich. In diesem Falle spricht man auch von einer »*Tautologieprobe*«.

Die *Tautologieprobe* ist vor allem bei Äquivalenzen eine vergleichsweise einfache und verständliche Beweismethode für Allgemeingültigkeit, ebenso für die Widerlegung der Allgemeingültigkeit. Aus diesem Grund werden wir dieser Beweismethode im Rahmen dieser Abhandlung noch recht häufig begegnen.

Gültig und anwendbar ist die *Tautologieprobe* auch bei logischen Gesetzen, die keine Äquivalenzen sind, worauf wir im Kapitel über *logische Folgerungen (ab Seite 53)* noch zurückkommen werden.

2.9 Logische Gesetze für Konjunktionen und Disjunktionen

Eine Reihe von leicht verständlichen, aber dennoch sehr wichtigen logischen Gesetzen wird im Folgenden vorgestellt. Vor allem für die sog. »*logische Algebra*«, womit die Gesamtheit aller Umformungsvorschriften in der formalen logischen Sprache gemeint ist, bilden diese Gesetze eine wichtige Grundlage.

Jedes einzelne Gesetz wird, teilweise unter Verzicht auf eine ausführliche textliche Erläuterung, mittels *Wahrheitswertetabelle* und *Tautologieprobe* bewiesen. Auch die Erläuterung durch geeignete Beispiele ist hier teilweise eher knapp gehalten.

2.9.1 Idempotenzgesetze

Will man mit Aussageverknüpfungen sinnvoll arbeiten, so muss definiert sein, wie Aussagen *mit sich selber verknüpft* werden.
Für *Konkunktionen* und *Disjunktionen* ergibt sich hierfür jeweils ein *logisches Gesetz*:

> Für alle Konjunktionen und Disjunktionen gelten
> folgende *Idempotenzgesetze*:
> $$(A \wedge A) \iff A \qquad \text{und} \qquad (A \vee A) \iff A$$

Beweise mit Wahrheitswertetabellen:

A	A	$(A \wedge A)$	$(A \wedge A) \iff A$	
1	1	1	1	
0	0	0	1	$\checkmark$

A	A	$(A \vee A)$	$(A \vee A) \iff A$	
1	1	1	1	
0	0	0	1	$\checkmark$

2.9.2 Kommutativgesetze

Bei der *Kommutativität einer Verknüpfung*, hier der Verknüpfnug zweier Aussagen, geht es um die Eigenschaft der *Vertauschbarkeit* der Verküpfungspartner.

> Für alle Konjunktionen und Disjunktionen gelten
> folgende *Kommutativgestzegesetze*:
> $$(A \wedge B) \iff (B \wedge A)$$
> und
> $$(A \vee B) \iff (B \vee A)$$

Beweise mit Wahrheitswertetabellen:

A	B	$(A \wedge B)$	$(B \wedge A)$	$\mathbf{(A \wedge B) \iff (B \wedge A)}$
1	1	1	1	1
1	0	0	0	1
0	1	0	0	1
0	0	0	0	1

$\checkmark$

A	A	$(A \vee B)$	$(B \vee A)$	$\mathbf{(A \vee B) \iff (B \vee A)}$
1	1	1	1	1
1	0	1	1	1
0	1	1	1	1
0	0	0	0	1

$\checkmark$

2.9.3 Assoziativgesetze

Bei der *Assoziativität* einer Verknüpfung geht es um die Abfolge, in der *mehr als zwei Verknüpfungspartner* miteinander verknüpft werden, wohlgemerkt: noch ohne eine Vertauschung der Verknüpfungspartner.

Die Verknüpfung von Aussagen (z.B. Konjunktion, Disjunktion), ebenso die von Zahlen (z.B. Addition, Multiplikation) ist immer für *zwei* Verknüpfungspartner definiert.

Sollen 3 Verknüpfungspartner gleichartig miteinander verknüpft werden, also z.B. $(A \wedge B \wedge C)$ in der Logik oder $(7+3+9)$ in der Arithmetik,

so *muss* eigentlich klar sein, ob man *erst das erste Element mit dem zweiten verknüpft, und das Zwischenergebnis dann mit dem drittenElement,*

also $[(A \wedge B) \wedge C]$ bzw. $[(7+3)+9]$,

oder ob man *das erste Verknüpfungselement mit dem (vorher ermittelten) Verknüpfungsergebnis des zweiten und des dritten verknüpft,*

also $[A \wedge (B \wedge C)]$ bzw. $[7+(3+9)]$!

Andernfalls wären die aus drei Elementen bestehenden Verknüpfungsteme *nicht definiert* !

Die Dinge liegen allerdings völlig anders, und auch viel einfacher und besser, wenn für die Verknüpfung ein *Assoziativgesetz bzw. Verbindungsgesetz* gilt. Dann nämlich liefern die beiden möglichen Lösungswege *dasselbe Ergebnis.* Es gibt dann nur ein einziges, eindeutiges und wohldefiniertes Ergebnis für Verknüpfungsterme, die aus drei Elementen aufgebaut sind.

Verknüft man dieses »*Dreierergebnis*« dann mit einem vierten Element, so ist auch diese Verknüpfung und ihr Ergebnis eindeutig und wohldefiniert, und ebenso, wenn man das »*Viererergebnis*« mit einem fünften Element verknüpft usw. usw.

In der Arithmetik gelten für die Addition und die Multiplikation von Zahlen *Assoziativgesetze bzw. Verbindungsgesetze,* für die Subtraktion und die Division von Zahlen gilt die Assoziativität hingegen nicht!

> Für alle Konjunktionen und Disjunktionen gelten
> folgende *Assoziativgesetze*:
> $$(A \wedge B) \wedge C \iff A \wedge (B \wedge C)$$
> und
> $$(A \vee B) \vee C \iff A \vee (B \vee C)$$

Beweise mit Wahrheitswertetabellen:

A	B	C	$(A \wedge B)$	$(A \wedge B) \wedge C$	$(B \wedge C)$	$A \wedge (B \wedge C)$	$(A \wedge B) \wedge C \iff A \wedge (B \wedge C)$		$(A \vee B)$	$(A \vee B) \vee C$	$(B \vee C)$	$A \vee (B \vee C)$	$(A \vee B) \vee C \iff A \vee (B \vee C)$	
1	1	1	1	1	1	1	**1**		1	1	1	1	**1**	
1	1	0	1	0	0	0	**1**		1	1	1	1	**1**	
1	0	1	0	0	0	0	**1**		1	1	1	1	**1**	
1	0	0	0	0	0	0	**1**		1	1	0	1	**1**	
0	1	1	0	0	1	0	**1**		1	1	1	1	**1**	
0	1	0	0	0	0	0	**1**		1	1	1	1	**1**	
0	0	1	0	0	0	0	**1**		0	1	1	1	**1**	
0	0	0	0	0	0	0	**1**	$\checkmark$	0	0	0	0	**1**	$\checkmark$

Mittels der beiden Assoziativgesetze ist es möglich, *Mehrfachkonjunktionen* und *Mehrfachdisjunktionen* zu bilden:

$$\underbrace{A_1 \wedge A_2 \wedge A_3 \wedge \cdots \cdots \wedge A_n}_{n-fache\ Konjunktion} \qquad \text{bzw.} \qquad \underbrace{A_1 \vee A_2 \vee A_3 \vee \cdots \cdots \vee A_n}_{n-fache\ Disjunktion}$$

Die *n-fache Konjunktion* ist nur dann *wahr*, wenn *alle n Einzelaussagen wahr* sind.
Sie wird *falsch*, falls auch nur *eine einzige Teilaussage (A_i) falsch* ist (Widerlegen einer All-Aussage durch ein Gegenbeispiel).

- Die Aussage „*Alle Schafe sind weiß.*" wird allein durch die Existenz eines einzigen *nicht weißen* Schafes komplett negiert, auch wenn wir von Millionen oder Milliarden von Schafen reden!

- Die Aussage „*Alle Primzahlen sind gerade Zahlen*" ist *falsch*, denn die gerade Zahl 2 ist eine Primzahl (wenn auch die einzige unter unendlich vielen Primzahlen).

Mehrfachdisjunktion Die *n-fache Disjunktion* ist nur dann *falsch*, wenn *alle n Einzelaussagen falsch* sind. Sie wird *wahr* falls auch nur *eine einzige Teilaussage (A_i)*, also *mindestens eine Teilaussage (A_i), wahr* ist.

- Solange der Verdacht besteht, dass *mindestens* ein Mitglied einer Klassengemeinschaft sich mit einem Virus infiziert hat, kann eine geplante Klassenfahrt nicht stattfinden. Der Verdacht „Schüler-1 ist infiziert" $\vee$ „Schüler-2 ist infiziert" $\vee$ „Schüler-3 ist infiziert" $\vee \cdots \cdots \vee$ „Schüler-n ist infiziert".
  lässt sich einzig und allein dadurch entkräften, dass ausnahmslos *für alle Schüler* nachgewiesen wird, dass diese nicht infiziert sind.

- Beim Lösen einer Gleichung stösst man auf die Aussage
  »$(T < 0) \lor (T = 0) \lor (T > 0)$«. Ist diese Aussage *wahr*, so
  ist die Gleichung lösbar, andernfalls nicht.
  Jede der Teilaussagen muss nun einzeln auf ihren Wahrheitswert
  hin überprüft werden (sog. vollständige Fallunterscheidung).
  Ist *mindestens* eine der 3 Teilaussagen *wahr*, so ist die Gleichung lösbar. Um das Gegenteil, die Unlösbarkeit der Gleichung,
  nachzuweisen, müssen sich im Rahmen der vollständigen Fallunterscheidung *alle 3 Teilaussagen* als *falsch* erweisen.

2.9.4 Distributivgesetze

Durch *Distrubutivgesetze bzw. Verteilungsgesetze*, wird fetsgelegt,
wenn sie denn für Verknüpfungen gelten, wie beim *Aufeinandertreffen
zweier Verknüpfungen* zu verfahren ist.

- Ein jeder musste sich wohl im schulischen Mathematikunterricht
  mit dem *algebraischen Klammerauflösen* befassen. Dahinter
  steht das für alle Zahlen gültige Distributivgesetz für die Addition und die Multiplikation:

$$a \cdot (b + c) \;=\; a \cdot b \; + a \cdot c \qquad a \text{ wird auf } b \text{ und } c \text{ verteilt } !$$

Die mehrfache Anwendung dieses unter Schülern sehr beliebten
Rechengesetzes führt auf das noch beliebtere *Multiplizieren von
Klammern mit Klammern* und in höchster Perfektion dann zu
den *binomischen Formeln*!

- Wird nun aber umgekehrt eine Zahl mit einem Multiplikations-
  term, also einem Produkt, *additiv verknüpft*, $a + (b \cdot c)$,
  so gilt in der arithmetischen Algebra *kein Distributivgesetz* !.
  Dort ist die *Multiplikation* als Vernüpfung *bevorrechtigt gegenüber der Addition* !

Punktrechnung geht vor Strichrechnung, so haben wir es alle gelernt, also $a + (b \cdot c) = a + b \cdot c$!

In der Aussagenlogik gibt es zwei wichtige *Distributivgesetze*, die u.a. sehr hilfreich sind beim Auflösen und Vereinfachen von komplex verschachtelten und geklammerten logischer Termen.

> Für alle Konjunktionen und Disjunktionen gelten
> folgende *Distributivgesetze*:
> $$(A \wedge B) \vee C \iff (A \vee C) \wedge (B \vee C)$$
> und
> $$(A \vee B) \wedge C \iff (A \wedge C) \vee (B \wedge C)$$

Anders als in der Algebra gibt es in der Aussagenlogik 2 Distributivgesetze. Die *konjunktive und die disjunktive Aussagenverknüpfung* sind also *untereinander gleichberechtigt*, im Unterschied zu den algebraischen Verknüpfungen von Zahlen!

A	B	C	$A \wedge B$	$(A \wedge B) \vee C$	$A \vee C$	$B \vee C$	$(A \vee C) \wedge (B \vee C)$	$(A \wedge B) \vee C \Longleftrightarrow (A \vee C) \wedge (B \vee C)$	
1	1	1	1	1	1	1	1	1	
1	1	0	1	1	1	1	1	1	
1	0	1	0	1	1	1	1	1	
1	0	0	0	0	1	0	0	1	
0	1	1	0	1	1	1	1	1	
0	1	0	0	0	0	1	0	1	
0	0	1	0	1	1	1	1	1	
0	0	0	0	0	0	0	0	1	$\sqrt{}$

A	B	C	$A \vee B$	$(A \vee B) \wedge C$	$A \wedge C$	$B \wedge C$	$(A \wedge C) \vee (B \wedge C)$	$(A \vee B) \wedge C \Longleftrightarrow (A \wedge C) \vee (B \wedge C)$	
1	1	1	1	1	1	1	1	1	
1	1	0	1	0	0	0	0	1	
1	0	1	1	1	1	0	1	1	
1	0	0	1	0	0	0	0	1	
0	1	1	1	1	0	1	1	1	
0	1	0	1	0	0	0	0	1	
0	0	1	0	0	0	0	0	1	
0	0	0	0	0	0	0	0	1	√

- Zum Bestehen eines Examens ist
  (*eine mündliche Prüfung* UND *eine schriftliche* Prüfung)
  ODER *eine umfangreiche Hausarbeit* erforderlich.
  Nach dem 1. Distributivgesetz ist dazu die Anforderung
  äquivalent, dass
  (*die mündliche Prüfung* ODER *eine Hausarbeit*)
  UND (*die schriftliche Prüfung* ODER *eine Hausarbeit*)
  erforderlich ist.

- Zum Bestehen eines anderen Examens ist
  (*eine mündliche Prüfung* ODER *eine schriftliche* Prüfung)
  UND *eine umfangreiche Hausarbeit* erforderlich.
  Nach dem 2. Distributivgesetz ist hierzu die Anforderung
  äquivalent, dass
  (*die mündliche Prüfung* UND *eine Hausarbeit*)
  ODER (*die schriftliche Prüfung* UND *eine Hausarbeit*)
  nötig ist.

2.9.5 Die *de Morgan'schen* Gesetze

Wir werden nun die *Konjunktion* und die *Disjunktion, verneinen,*
also die *Gegenaussagen von Konjunktion und Disjunktion* bilden und
untersuchen.

Wir beginnen mit der *negierten Konjunktion* $\left(\overline{A \wedge B}\right)$ und stellen
hierfür eine Wahrheitswertetabelle auf:

A	B	$(A \wedge B)$	$\left(\overline{\boldsymbol{A \wedge B}}\right)$
1	1	1	**0**
1	0	0	**1**
0	1	0	**1**
0	0	0	**1**

In deren Ergebnisspalte tritt dreimal die 1 und nur einmal die 0 auf,
was auf eine *Disjunktion* hinweist. Die Verneinung einer Konjunktion
ist also offensichtlich *äquivalent zu einer Disjunktion.*
Im vorliegenden Fall wird $\left(\overline{A \wedge B}\right)$ genau dann falsch, wenn sowohl
A als auch B wahr werden, in allen anderen Fällen wahr.(vgl. Wahr-

heitswertetabelle).

In Anwendung der doppelten Verneinung kann man dies auch so ausdrücken, dass $\left(\overline{A \wedge B}\right)$ genau dann falsch wird, wenn *sowohl $\overline{A}$ als auch $\overline{B}$ falsch* werden.

Probieren wir es einmal mit einer Wahrheitswertetabelle für die halbwegs geratene bzw. vermutete Disjunktion $(\overline{A} \vee \overline{B})$:

A	B	$\overline{A}$	$\overline{B}$	(i) $\left(\overline{A} \vee \overline{B}\right)$	(ii) $\left(\overline{A \wedge B}\right)$	(i) $\Leftrightarrow$ (ii)
1	1	0	0	0	0	1
1	0	0	1	1	1	1
0	1	1	0	1	1	1
0	0	1	1	1	1	1

$\checkmark$

Inzwischen schon fast routiniert, erkennen wir die Tautologie und das dahinter stehende logische Gesetz:

> *1. de Morgan'sches Gesetz*:
> Für beliebige Aussagen A und B gilt:
> $$\left(\overline{A \wedge B}\right) \quad \Longleftrightarrow \quad \left(\overline{A} \vee \overline{B}\right)$$

In Analogie gilt für eine *negierte Disjunktion* $\left(\overline{A \vee B}\right)$:

> *2. de Morgan'sches Gesetz*:
> Für beliebige Aussagen A und B gilt:
> $$\left(\overline{A \vee B}\right) \quad \Longleftrightarrow \quad \left(\overline{A} \wedge \overline{B}\right)$$

Als Beweis wird, wie inzwischen gewohnt für uns, eine Tautologie-probe mit der zugehörigen Wahrheitswertetabelle durchgeführt.

A	B	$\overline{A}$	$\overline{B}$	**(i)** $(\overline{A} \wedge \overline{B})$	**(ii)** $(\overline{A \vee B})$	$(i) \Leftrightarrow (ii)$
1	1	0	0	0	0	1
1	0	0	1	0	0	1
0	1	1	0	0	0	1
0	0	1	1	1	1	1

$\checkmark$

Die Verneinung einer Disjunktion ist also *äquivalent zu einer Konjunktion.*

Ohne dass wir uns die Inhalte der de Morgan'schen Gesetze permanent vor Augen halten, benutzen wir diese im Alltag sehr häufig.
So verliert eine *UND-Aussage* schon dann ihre Gültigkeit (also den Wahrheitswert *wahr*), wenn *eine einzige Teilaussage falsch* wird:

> Die logisch korrekte Verneinung etwa der Aussage
> *(ich habe Hunger) und (ich habe Durst)*
> lautet
> *(ich habe keinen Hunger) oder (ich habe keinen Durst).*

Eine *ODER-Aussage* hingegen kann nur negiert werden, indem *alle Teilaussagen negiert werden*:

> Die logisch korrekte Verneinung etwa der Aussage
> *(Karin lacht) oder (Ingo lacht)*
> lautet
> *(Karin lacht nicht) und (Ingo lacht nicht).*

2.10 Alle denkbaren Verknüpfungen zweier Aussagen

Gehen wir weiter, wie inzwischen schon gewohnt, von zwei Aussagen aus, die wir wieder A und B nennen wollen. Alle logischen Verknüpfungen von A und B werden über Wahrheitswertetabellen definiert, die 4 Zeilen haben, denn zu den jeweils 2 möglichen Wahrheitswerten der Aussagenvariablen A und B gibt es insgesamt 4 Kombinationsmöglichkeiten aller Wahrheitswerte dieser Variablen.

In der Ergebnisspalte jeder möglichen zu definierenden Verknüpfung treten demnach *immer genau 4 Wahrheitswerte* auf. Bei 2 möglichen Wahrheitswerten (*wahr und falsch* bzw. *1 und 0*) gibt es nur endlich viele verschiedene Möglichkeiten, solche Ergebnisspalten zu bilden, nämlich genau $2^4 = 16$.

Es gibt also genau 16 Möglichkeiten, zwei Aussagen A und B logisch miteinander zu verknüpfen, nicht mehr und nicht weniger. Einige dieser Verknüpfungen haben wir bereits kennen gelernt (z.b. die Konjunktion und die Disjunktion und deren Gegenaussagen), andere noch nicht.

Alle 16 denkbaren Verknüpfungsmöglichkeiten zweier Aussagen A und B sind in der nachfolgenden Tabelle dargestellt:

In Spalte 1 dieser Tabelle erkennen wir die *Konjunktion* von A und B, in Spalte 5 die *Disjunktion*.

In Spalte 2 wird die *Gegenaussage der Disjunktion* dargestellt, die nach *de Morgan* äquivalent ist zur *Konjunktion von* $\overline{A}$ *und* $\overline{B}$.

Spalte 6 stellt die *Gegenaussage der Konjunktion* dar, die nach *de Morgan* äquivalent ist zur *Disjunktion von* $\overline{A}$ *und* $\overline{B}$.

Die 9.Spalte gibt die *Äquivalenz* von A und B wieder.

In Spalte 11 wird A dargestellt, $\overline{A}$ in Spalte 12, beide völlig unabhängig von B.

				1	2	3	4	5	6	7	8	9	10	11	12	13	14	15	16
A	B	$\overline{A}$	$\overline{B}$	$A \land B$	$\overline{A \lor B} \Leftrightarrow \overline{A} \land \overline{B}$			$A \lor B$	$\overline{A \land B} \Leftrightarrow \overline{A} \lor \overline{B}$			$A \Leftarrow B$		A	$\overline{A}$	B	$\overline{B}$	Tautologie	Kontradiktion
1	1	0	0	1	0	0	0	1	0	1	1	1	0	1	0	1	0	1	0
1	0	0	1	0	0	1	0	1	1	0	1	0	1	1	0	0	1	1	0
0	1	1	0	0	0	0	1	1	1	1	0	0	1	0	1	1	0	1	0
0	0	1	1	0	1	0	0	0	1	1	1	1	0	0	1	0	1	1	0

Spalte 13 gibt B wieder, $\overline{B}$ taucht in Spalte 14 auf, beide wiederum völlig unabhängig von der anderen Aussage, hier A.

Die beiden letzten Spalten, 15 und 16, geben die *Tautologie* und die *Kontradiktion* wieder, auch beide völlig unabhängig von A und B.

In Spalte 3 und Spalte 4 kommt jeweils nur ein einziges Mal der Wahrheitswert 1 (*wahr*) vor, beide Spalten müssen also *Konjunktionen* darstellen, ebenso wie die Spalten 1 und 2.

Bei der durch Spalte 3 definierten Konjunktion tritt die einzige 1 in der 2. Zeile auf, in der A *wahr und* B *falsch*, also A *wahr und* $\overline{B}$ *wahr* ist, in allen anderen Zeilen tritt die 0 auf. Daher identifizieren wir die zugehörige Aussage als Konjunktion $\left(A \land \overline{B}\right)$.

In der 4.Spalte ist die Situation vergleichbar, hier enthält die 3. Tabellenzeile den Wert 1, also genau dann, wenn $\overline{A}$ *wahr und* B *wahr* wird. Die zugehörige Aussage ist hier also die Konjunktion $\left(\overline{A} \land B\right)$.

Vergleicht man die 7. Tabellenspalte mit der 3. Tabellenspalte, dann erkennt man mit wenig Mühe, dass die Wahrheitswerte beider Spalten immer *genau entgegengesetzt* sind. Die 7. Spalte stellt also die *Gegenaussage der Aussage in der 3.Spalte* dar.

Also stellt die 7. Tabellenspalte die Aussage $\left(\overline{A \wedge \bar B} \right)$ dar. In analoger Weise identifizieren wir die Aussage der 8. Tabellenspalte als *Gegenaussage der Aussage in der 4. Spalte*, also als $\left(\overline{\bar A \wedge B} \right)$. Mit den de Morgan'schen Gesetze formen wir noch um und erhalten in den Spalten 7 und 8 Disjunktionen, wie in den Spalten 5 und 6:

$$\overline{A \wedge \bar B} \Leftrightarrow \bar A \vee B \quad \text{in Spalte 7} \qquad \overline{\bar A \wedge B} \Leftrightarrow A \vee \bar B \quad \text{in Spalte 8}$$

Wir ergänzen die Tabelle 2.10 von Seite 45 dementsprechend:

				1	2	3	4	5	6	7	8	9	10	11	12	13	14	15	16
A	B	$\bar A$	$\bar B$	$A \wedge B$	$\bar A \wedge \bar B$	$A \wedge \bar B$	$\bar A \wedge B$	$A \vee B$	$\bar A \vee \bar B \Leftrightarrow \overline{A \wedge B}$	$\bar A \vee B \Leftrightarrow \overline{A \wedge \bar B}$	$A \vee \bar B \Leftrightarrow \overline{\bar A \wedge B}$	$A \Rightarrow B$		A	$\bar A$	B	$\bar B$	Tautologie	Kontradiktion
1	1	0	0	1	0	0	0	1	0	1	1	1	0	1	0	1	0	1	0
1	0	0	1	0	0	1	0	1	1	0	1	0	1	1	0	0	1	1	0
0	1	1	0	0	0	0	1	1	1	1	0	0	1	0	1	1	0	1	0
0	0	1	1	0	1	0	0	0	1	1	1	1	0	0	1	0	1	1	0

Einzig und allein die Spalte 10 in unserer Wahrheitswertetabelle aller Verknüpfungen von 2 Aussagen ist jetzt noch ungeklärt.

Der Vergleich mit den Wahrheitswerten der Spalte 9, direkt daneben, zeigt, dass genau die *Gegenaussage der Äquivalenz* vorliegen muss:

> Die *Gegenaussage* bzw. *Verneinung* einer Äquivalenz
> wird *Antivalenz* zweier Aussagen genannt.
> $\left(A \overset{\Longleftrightarrow}{} B \right)$ *Antivalenz von A und B*

2.11 Die Antivalenz, Entweder - ODER

Wir betrachten die Antivalenz in ihrer zugehörigen Wahrheitswerte-tabelle, wie sie sich z.B. in der Spalte 10 der Tabelle auf Seite 46, darstellt:

A	B	$\left(\overline{A \Longleftrightarrow B} \right)$
1	1	**0**
1	0	**1**
0	1	**1**
0	0	**0**

Die Verknüpfung $\left(\overline{A \Longleftrightarrow B} \right)$ wird immer dann *wahr*, wenn A und B *unterschiedliche Wahrheitswerte* haben, und sie wird immer dann *falsch*, wenn A und B gleiche Wahrheitswerte haben.

Bauen wir diese Wahrheitswerteverteilung zeilenweise als Disjunktion aus mehreren Konjunktionen auf, wie wir es auch schon im vorigen Abschnitt erfolgreich getan haben, so sollte der Term $(A \wedge \overline{B}) \vee \left(\overline{A} \wedge B \right)$ als zutreffende Verknüpfung funktionieren.

Wir verifizieren dies:

A	B	$\overline{A}$	$\overline{B}$	$A \wedge \overline{B}$	$\overline{A} \wedge B$	**(i)** $(A \wedge \overline{B})$ $\vee (\overline{A} \wedge B)$	$\overline{(A \Leftrightarrow B)} \Leftrightarrow (i)$
1	1	0	0	0	0	**0**	1
1	0	0	1	1	0	**1**	1
0	1	1	0	0	1	**1**	1
0	0	1	1	0	0	**0**	1

$\checkmark$

Wir erhalten ein weiteres *logisches Gesetz*:

> Für alle *Antivalenzen* gilt:
> $$\left(\overline{A \Leftrightarrow B}\right) \quad \Longleftrightarrow \quad \left(A \wedge \overline{B}\right) \vee \left(\overline{A} \wedge B\right)$$

$(A \wedge \overline{B}) \vee (\overline{A} \wedge B)$ heisst nun sprachlich nichts anderes, als dass *entweder A wahr ist oder B wahr ist*, denn wenn *A wahr* ist, ist *B falsch* und wenn *B wahr* ist, dann ist *A falsch*.

Sind *A* und *B* jedoch *beide wahr* oder *beide falsch*, so ist die gesamte Aussage falsch.

Man spricht daher von der »*Entweder-ODER-Aussage*« von der »*Entweder-ODER-Verknüpfung*« oder vom »*ausschließenden ODER*«.

Gegenüber den *Disjunktionen* wird immer der Fall ausgeschlossen, dass beide Elementaraussagen zugleich wahr sind.

> *Entweder-ODER-Verknüpfungen,*
> die allesamt *äquivalent zu den Antivalenzen* sind,
> werden symbolisch folgendermaßen dargestellt:
> $$(A \,\dot{\vee}\, B)) \quad \Longleftrightarrow \quad (A \wedge \overline{B}) \vee \left(\overline{A} \wedge B\right) \quad \Longleftrightarrow \quad \left(\overline{A \Leftrightarrow B}\right)$$

- Eine typische *Antivalenz* ist z.B. die Aussage:
  »*Eine ganze Zahl ist entweder gerade oder ungerade.* «

- »*Eine Vermutung ist entweder wahr oder sie ist falsch*«
  stellt ebenfalls eine typische *Antivalenz* dar.

2.12 Die Äquivalenz, im Zsh. mit Konj. und Disj.

Wie im vorigen Abschnitt bei der Antivalenz betrachten wir zunächst die Wahrheitswertetabelle der Äquivalenz, wie sie sich z.B. in der Spalte 9 der Tabelle auf Seite 46, darstellt:

A	B	$(A \Longleftrightarrow B)$
1	1	**1**
1	0	**0**
0	1	**0**
0	0	**1**

Die Verknüpfung ($A \Longleftrightarrow B$) wird immer dann *wahr*, wenn A und B *gleiche Wahrheitswerte* haben, und sie wird immer dann *falsch*, wenn A und B unterschiedliche Wahrheitswerte haben.

Bauen wir diese Wahrheitswerteverteilung wieder zeilenweise als Disjunktion aus mehreren Konjunktionen auf, so sollte in diesem Falle, bei der *Äquivvalenz*, der Term $(A \wedge B) \vee (\overline{A} \wedge \overline{B})$ als zutreffende Verknüpfung funktionieren. Wir verifizieren dies in gewohnter Weise mit einer Wahrheitswertetabelle:

A	B	$\overline{A}$	$\overline{B}$	$A \wedge B$	$\overline{A} \wedge \overline{B}$	**(ii)** $(A \wedge B)$ $\vee (\overline{A} \wedge \overline{B})$	$\left(\overline{A \Leftrightarrow B}\right) \Leftrightarrow (ii)$
1	1	0	0	1	0	**1**	1
1	0	0	1	0	0	**0**	1
0	1	1	0	0	0	**0**	1
0	0	1	1	0	1	**1**	1

Wir erhalten ein weiteres *logisches Gesetz*, diesmal für *Äquivalenzen*:

> Für alle *Äquivalenzen* gilt:
> $(A \Leftrightarrow B) \qquad \Longleftrightarrow \qquad (A \wedge B) \vee (\overline{A} \wedge \overline{B})$

Wir wenden das eben erhaltene Gesetz auf die Äquivalenz der beiden Gegenaussagen ($\overline{A} \Longleftrightarrow \overline{B}$) an und erhalten Folgendes:

$$(\overline{A} \Longleftrightarrow \overline{B}) \quad \Longleftrightarrow \quad (\overline{A} \wedge \overline{B}) \vee (\overline{\overline{A}} \wedge \overline{\overline{B}})$$
$$\Longleftrightarrow \quad (\overline{A} \wedge \overline{B}) \vee (A \wedge B) \quad \Longleftrightarrow \quad (A \Longleftrightarrow B)$$

Mit wenigen Umformungen haben wir folgendes logische Gesetz hergeleitet:

> Für alle Äquivalenzen zweier Aussagen A und B gilt:
> $(\overline{A} \Longleftrightarrow \overline{B}) \qquad \Longleftrightarrow \qquad (A \Longleftrightarrow B)$
> Die Äquivalenz zweier Aussagen A und B
> ist also *selber äquivalent* und logisch gleichwertig
> zur *Äquivalenz der beiden Gegenaussagen !*

Der Vollständigkeit halber sei die Wahrheitswertetabelle für dieses Gesetz mit angegeben:

A	B	$\overline{A}$	$\overline{B}$	$A \Leftrightarrow B$	$\overline{A} \Leftrightarrow \overline{B}$	$(A \Leftrightarrow B) \Longleftrightarrow (\overline{A} \Leftrightarrow \overline{B})$
1	1	0	0	1	1	1
1	0	0	1	0	0	1
0	1	1	0	0	0	1
0	0	1	1	1	1	1

Folgende Beispiele sollen dieses Gesetz verdeutlichen:

- Aus der Geometrie ist folgender Satz bekannt:
  Drei Strecken mit den Längen a, b, c bilden genau dann ein Dreieck, wenn die beiden kürzeren Seiten zusammen länger sind als die längste Seite (Dreiecksungleichung).
  Dieser Satz über Dreiecke lässt sich auch folgendermaßen formulieren:
  Drei Strecken mit den Längen a, b, c bilden genau dann kein Dreieck, wenn die beiden kürzeren Seiten zusammen nicht länger sind als die längste Seite.

- Für die Teilbarkeit durch 3 gilt:
  Eine natürliche Zahl ist genau dann durch 3 teilbar, wenn ihre Quersumme durch 3 teilbar ist.
  Gleichwertig dazu ist die Formulierung:
  Eine natürliche Zahl ist genau dann nicht durch 3 teilbar, wenn ihre Quersumme nicht durch 3 teilbar ist.

2.13 Alle zweiwertigen logischen Aussageverknüpfungen

Bevor wir uns im Folgenden den korrekten Schlussfolgerungen und Beweisen zuwenden, stellen wir noch einmal die nunmehr vollständige Wahrheitswertwtabelle *aller logischen Verknüpfungen* dar, die man aus 2 Elementaraussagen bilden kann:

A	B	$\overline{A}$	$\overline{B}$	1 $A \wedge B$	2 $\overline{A} \wedge \overline{B}$	3 $A \wedge \overline{B}$	4 $\overline{A} \wedge B$	5 $A \vee B$	6 $\overline{A} \vee \overline{B}$	7 $\overline{A} \vee B$	8 $A \vee \overline{B}$	9 $A \Longleftrightarrow B$	10 $A \dot\vee B$	11 A	12 $\overline{A}$	13 B	14 $\overline{B}$	15 $\top \Leftrightarrow W$	16 $\bot \Leftrightarrow F$
1	1	0	0	1	0	0	0	1	0	1	1	1	0	1	0	1	0	1	0
1	0	0	1	0	0	1	0	1	1	0	1	0	1	1	0	0	1	1	0
0	1	1	0	0	0	0	1	1	1	1	0	0	1	0	1	1	0	1	0
0	0	1	1	0	1	0	0	0	1	1	1	1	0	0	1	0	1	1	0
				Konjunktion	Konj. $(\overline{A} \wedge \overline{B})$	Konj. $(A \wedge \overline{B})$	Konj. $(\overline{A} \wedge B)$	Disjunktion	Disj. $(\overline{A} \vee \overline{B})$	Disj. $(\overline{A} \vee B)$	Disj. $(A \vee \overline{B})$	Äquivalenz	Antivalenz					Tautologie	Kontradiktion

3 Logisches Schlussfolgern, Implikationen und Äquivalenzen

Auf dem Wege, uns dem Wesen und den Gesetzen der formalen Logik gedanklich zu nähern, sind wir schon ein ganzes Stück vorangekommen. Ein wichtiges Zwischenergebnis stellt die Tabelle auf Seite 52 dar, in der *alle denkbaren zweiwertigen Aussageverknüpfungen* mit ihren Wahrheitswerteverteilungen dargestellt sind. Weitere Verknüpfungen kann es zwischen zwei Aussagen nicht geben!

Andererseits haben wir uns noch mit keinem einzigen Gedanken um eine *kausal geprägte Aussagenverknüpfung* gekümmert, wie sie uns allen sehr vertraut ist, insbesondere im Zusammenhang mit unserer Vorstellung von Logik.

Betrachten wir beispielsweise folgende Aussagen:

- A :   »Es regnet.«
- B :   »Die Straße wird nass.«

Aus unserer Lebenserfahrung wissen wir, dass die »*Schlussfolgerung*«

$$\textit{Wenn} \quad A \textit{ wahr ist} \quad \textit{dann} \quad \textit{ist } B \textit{ wahr}$$

eine zutreffende, also *wahre* Verknüpfung von A und B darstellt. Man sagt auch

$$\textit{Aus } A \quad \textit{folgt} \quad B$$

oder, erinnern wir uns an den Mathematikunterricht in der Schule:

$$A \quad \Longrightarrow \quad B$$

Eine solche »*Schlussfolgerung*« hat in unserem Leben meistens reale Konsequenzen. So werden wir nach einem Regenschauer sicher vorsichtiger auf der Straße unterwegs sein, weil wir *mit Recht* erwarten, dass diese *nass* ist, sie könnte daher rutschig und damit gefährlicher als eine trockene Straße sein. Dass nasse Straßen gefährlicher sind als trockene Straßen, ist dabei bereits eine weitere »*Schlussfolgerung*«, die unserem Erfahrungsschatz entstammt.
In unserem *bewussten, vernunftorientierten Handeln* wenden wir vieltausendfach solche »*logischen Schlussfolgerungen*« an.

Die reine Aussagenlogik, das hatten wir bereits erkannt, muss *von den Inhalten der Aussagen unabhängig* sein. Nichtsdestotrotz müssen wir dann, wenn z.B. ($A \Longrightarrow B$) als *wahr* erkannt worden ist, logische Folgerungen ziehen können, die immer gleichartig sind, wenn nur ($A \Longrightarrow B$) wahr ist. Die Situation mit dem Regen und der Straße muss also als Verknüpfung der zu Grunde liegenden Elementaraussagen darstellbar sein, ebenso wie vergleichbare Situationen mit anderem inhaltlichen Hintergrund.
Und wenn die Logik als Wissenschaft Sinn haben soll, so muss es möglich sein, inhaltsunabhängig logische Gesetze über solche »*Schlussfolgerungen*« zu formulieren.

Genau dies wollen wir im Folgenden tun. Mehr noch, die formulierten Gesetze sollen hergeleitet oder bewiesen werden.

Wie soll das aber gehen? Mit unseren bisher erlernten Werkzeugen der Aussagenlogik haben wir alle denkbaren (also 16) Verknüpfungen zweier Aussagen bereits kennengelernt, wir brauchen aber eine Aussageverknüpfung, die unsere »*Schlussfolgerung*« korrekt darstellt!

Es gibt nur eine Lösung dieses Dilemmas! Eine der 16 bereits behandelten Aussageverknüpfungen muss die »*logische Schlussfolgerung*« korrekt darstellen! Eine der 16 Tabellenspalten von Seite 52 entspricht unserer so vertrauten *kausalen logischen Schlussfolgerung!*

Aber welche der Tabellenspalten ist es, wie identifizieren wir sie? Keinesfalls ist es so, dass die Lösung einem ins Auge springt oder ganz offensichtlich ist!

Die Frage, welche unserer bereits bekannten Tabellenspalten, welche unserer zweiwertigen Aussageverknüpfungen uns näher an die logische Kausalität heranbringt, wird im folgenden Abschnitt behandelt und beantwortet.

Zuvor nehmen wir noch einige Definitionen als Begriffsklärungen vor, ergänzt durch passende Alltagsbeispiele:

Eine »*Wenn-Dann-Verknüpfung*«
zweier Aussagen wird »*Implikation*« genannt.

Formale Schreibweise: $\qquad\qquad A \implies B$
Sprechweise: $\qquad\qquad$ »*Wenn A* $\quad$ *dann* $\quad$ *B*«
$\qquad$ oder: $\qquad\qquad$ »*Aus A* $\quad$ *folgt* $\quad$ *B* «

Die Aussage A heißt »*Prämisse*« oder »*Voraussetzung*«.
Die Aussage B heißt »*Konklusion*« oder »*Folgerung*«.

- Wenn

    (ein Verdächtiger ein Alibi für die Tatzeit hat,)

  dann

    (ist er unschuldig.)

- Wenn

    (ein Funktionsgraph an einer Stelle einen Hochpunkt hat,)

  dann

    (ist dort die erste Ableitung der Funktion gleich Null.)

- Wenn

    (die Quersumme einer Zahl durch 9 teilbar ist,)

  dann

    (ist die Zahl selber durch 3 teilbar.)

3.1 Die Implikation

Ich kann und will nicht beschönigen, dass wir gerade jetzt die inhaltlich komplexeste Stelle der gesamten Abhandlung erreichen. Das Abstraktionsvermögen, die Akzeptanz und die Konzentration der interessierten Leserschaft ist besonders in diesem Unterabschnitt in hohem Maße gefordert. Die formal korrekte logische Definition der *Implikation* ist nämlich alles andere als »leicht eingängig« oder gar »anschaulich«, was ich aus eigener Erfahrung bestätigen kann!
Bei manch einem, seinerzeit auch bei mir selber, kommt es auf dem Wege zum Verständnis sogar zu »Widerstand und innerem Unwillen«, weil einige Aspekte der *logisch korrekten Theorie* beim ersten Hinsehen als *intuitiv falsch* erscheinen können.
Nun ist die formale Logik weder Teufelswerk noch ist sie ausschließlich für Hochintelligente entwickelt worden! Und dies gilt auch für die Implikation und deren korrekte Definition. Der »gesunde Menschenverstand« ist damit *nicht überfordert*, auch wenn der Weg zum Verständnis etwas steinig ist.
Mein Bestreben besteht darin, mit möglichst guten, ausführlichen und einfachen Erklärungen Stolpersteine des Verständnisses aus dem Weg zu räumen oder Wege aufzuzeigen, Stolpersteine zu umgehen.

Insofern, liebe Leserin, lieber Leser, nehmen Sie diesen Hinweis zwar zur Kenntnis, werfen Sie aber keineswegs die Flinte vorzeitig ins Korn! Vertrauen sie selbstbewusst darauf, dass auch Sie die Zusammenhänge verstehen, und zwar *richtig verstehen* können und werden! Lesen Sie aufmerksam und kritisch weiter, und lesen Sie insbesondere die direkt folgenden Seiten ruhig zweimal oder öfter, sollte es mit dem Verständnis etwas »haken«! Ich empfehle Ihnen, die Lektüre der gesamten Abhandlung erst dann fortzusetzen, wenn Sie selber *ein sicheres Gefühl für das Verständnis des Begriffes der Implikation* gewonnen haben!

3.1.1 Die Implikation und die Wahrheitswertetabelle

Wie bereits angekündigt, gilt es nun, unter den Wahrheitswerteverteilungen der Spalten Nr.1 bis 16 der Tabelle auf Seite 52 diejenige herauszufinden, die zur *Implikation (A $\Longrightarrow$ B)* gehört.

Diese Abhandlung ist kein Ratespiel, und wir schlagen jetzt, natürlich ohne Umwege, die Richtung zur Lösung ein.

Wir »zäumen das Pferd« gewissermaßen von hinten auf, wir beschäftigen uns zunächst mit der Frage, was bei einer Implikation, bei einer Wenn-Dann-Verknüpfung, bei einer logischen Folgerungsverknüpfung *auf gar keinen Fall* auftreten darf, was der größte Unsinn, der *logische GaU (Größter anzunehmender Unfall)* sein würde.
Wenn wir versuchen, logisch zu folgern, so gehen wir eigentlich immer von einer *Prämisse* aus. Und wir gehen auch von einer Prämisse aus, die als Aussage den Wahrheitswert *wahr* hat! Prämissen sind oft Alltagssituationen oder idealisierte Alltagssituationen, und diese werden erfahrungsgemäß selten oder gar nicht als *falsch* vorausgesetzt. Über die Implikation wollen wir eine Folgewirkung, eine Folgerung

der als *wahr* angenommenen Prämisse voraussagen. Und die aus der Prämisse folgende *Konklusion* soll natürlich auch gerne eine gewinnbringende Aussage, eine *wahre Aussage* sein, denn wir möchten auf Basis dieser Konklusion gerne weitere richtige und gewinnbringende Entscheidungen treffen!

Das, was beim logischen Folgern nicht passieren darf, was sicher ausgeschlossen werden muss, was fatale bis katastrophale Folgen nach sich ziehen würde, das wäre eine *falsche Konklusion* auf Basis einer *wahren Prämisse*!

Der *logische GaU (Größter anzunehmender Unfall)* wäre in diesem Falle gegeben! Er wäre bereits dann gegeben, wenn *neben einer wahren Prämisse die Existenz einer falschen Konklusion* akzeptiert würde!

- Trotz des nachgewiesenen Alibis eines Beschuldigten könnte seine Schuld als logisch richtig akzeptiert werden!
- Trotz strömenden Regens könnte die Trockenheit der Straße als logisch korrekt akzeptiert werden!
- Ein Funktionsgraph könnte einen Hochpunkt haben, ohne dass an der betreffenden Stelle die erste Ableitung Null wird!
- Trotz Quersumme 9 könnte eine Zahl *nicht teilbar durch 3* sein!

Diese beschriebenen Situationen *dürfen keinesfalls eintreten!*

Bei gültiger Implikation $(A \Longrightarrow B)$
darf keinesfalls $(A \wedge \overline{B})$ auftreten,
diese beiden Möglichkeiten sind *logisch unvereinbar*.

Damit muss $(A \wedge \overline{B})$
  das logische Gegenteil von $(A \Longrightarrow B)$,
  die Gegenaussage von $(A \Longrightarrow B)$,
  die Verneinung von $(A \Longrightarrow B)$ sein!

Tatsächlich finden wir in der 3. Spalte der Tabelle von Seite 52 die Konjunktion $(A \wedge \overline{B})$, deren Wahrheitswerteverteilung den Wert *wahr* enthält für A *wahr* und B *falsch*, und ansonsten dreimal den Wert *falsch*. Durch Bildung der Gegenaussage von $A \wedge \overline{B}$ sollten wir die gesuchte Wahrheitswertetabelle der Implikation $(A \Longrightarrow B)$ erhalten:

A	B		$(A \wedge \overline{B}) \Longleftrightarrow (\overline{A \Longrightarrow B})$	$A \Longrightarrow B$
1	1	...	0	**1**
1	0	...	1	**0**
0	1	...	0	**1**
0	0	...	0	**1**

Bevor wir nun die erstmals ermittelte Wahrheitswerteverteilung der Implikation näher untersuchen und interpretieren, identifizieren wir die Spalte 7 unserer Tabelle (vgl. Seite 52) als diejenige, die offenbar die Implikation korrekt beschreibt. Wir entnehmen der Tabelle, dass folgendes gilt:

$$(A \Longrightarrow B) \qquad \Longleftrightarrow \qquad (\overline{A} \vee B)$$

Dieses Ergebnis verifizieren wir auch mit Hilfe der »*Logik-Algebra*«, insbesondere mit den *de Morgan'schen Gesetzen (vgl. Seite 42)* :

$$(A \Longrightarrow B) \qquad \Longleftrightarrow \qquad \left(\overline{\overline{A \Longrightarrow B}} \right) \qquad \Longleftrightarrow \qquad \left(\overline{\overline{A} \wedge \overline{B}} \right)$$

$$\Longleftrightarrow \qquad \left(\overline{\overline{A}} \vee \overline{\overline{B}} \right) \qquad \Longleftrightarrow \qquad \left(\overline{A} \vee B \right) \qquad \checkmark$$

A	B	$A \Longrightarrow B$	$(\overline{A} \vee B)$
1	1	1	1
1	0	0	0
0	1	1	1
0	0	1	1

Bevor wir uns nun die einzelnen Zeilen der Wahrheitswertetabelle nacheinander anschauen und diese inhaltlich interpretieren, muss ich ein wenig Wasser in den Wein gießen, zumindest vorläufig.
Die von uns gefundene Disjunktion $(\overline{A} \vee B)$, die ja ganz offenbar die Implikation $(A \Longrightarrow B)$ darstellt, ist eine *kommutative, also vertauschbare Verknüpfung.*
$(B \vee \overline{A})$ ist äquivalent zu $(\overline{A} \vee B)$, die Wahrheitswertetabellen der beiden Disjunktionen stimmen überein. Und die Wahrkeitswertetabellen müssen *beide* auch mit der Wahrheitswertetabelle der Implikation $(A \Longrightarrow B)$ übereinstimmen, die uns derzeit noch als *nicht-symmetrische, nicht-kommutative, nicht-vertauschbare* Aussageverknüpfung erscheint.
Die Auflösung dieses *scheinbaren Widerspruchs* stellen wir hier zurück und handeln sie später ab (vgl. 3.2, Seite 74).

Kommen wir nun zur Interpretation der einzelnen Zeilen in der Wahrheitswertetabelle.

1. Die erste Zeile erstaunt nicht weiter.
   Aus einer *wahren* Aussage A folgt eine *wahre* Aussage B.
   Alles OK, hier ist die Implikation *wahr*.

2. Auch die zweite Zeile erstaunt nicht wirklich.
   Aus einer *wahren* Aussage A kann *keine falsche Aussage* folgen.
   Hier wird die Implikation als Aussageverknüfung *falsch*, so wie
   es sein soll!

3. Die dritte Zeile hat es da schon richtig in sich!
   Aus etwas *Falschem* soll etwas *Wahres* folgen,
   und die Implikation als Ganzes soll trotzdem
   eine *logisch korrekte* Aussageverknüpfung sein!

4. Dass aus etwas *Falschem* etwas *Falsches* folgen soll, das erscheint auf den ersten Blick weniger befremdlich.
   Dass jedoch auch hier die gesamte Implikation *logisch wahr*
   werden soll, das geht doch etwas »*sperrig*« ins Verständnis ein.

Zur besseren Veranschaulichung wenden wir uns dem Beispiel mit
dem Regen und der Straße zu:

Wenn   *(es regnet,)*   dann   *(wird die Straße nass.)*
         (Es regnet) $\Longrightarrow$ *(Die Straße wird nass.)*

1. Selbstverständlich muss aus einer *wahren Prämisse* (hier: es
   regnet) eine *wahre Konklusion* (hier: nasse Straße) logisch folgen,
   sonst hätte die Implikation überhaupt keinen Sinn.
   Die erste Zeile der Wahrheitswertetabelle der Implikation gibt
   genau diesen Fall wieder.

2. Keinesfalls wollen wir aus etwas *Wahrem* auf etwas *Falsches* schließen, das wäre logisch ein Kardinalfehler, würde fehlerhafte Folgeentscheidungen nach sich ziehen etc. Diese Gefahr ist durch die zweite Zeile gebannt, denn die Implikation ist falsch, wenn die *Prämisse wahr* und die *Konklusion falsch* ist. In unserem Beispiel kann keinesfalls die Straße bei oder nach Regenfall trocken bleiben!

3. Betrachten wir nun den Fall, dass A, die *Prämisse*, falsch ist! Sicher wäre es von Nutzen, könnten wir aus der Aussage „*Es regnet nicht*" logisch etwas folgern.

   Genau dies aber *gibt die Implikation nicht her*, sprachlich nicht und formal nicht! „*Wenn A wahr, dann B wahr*", das wissen wir ganz genau bei gültiger Implikation.

   Was aber aus B, der *Konklusion*, wird, wenn A, die *Prämisse falsch* ist, diese Information gibt die *Implikation* leider nicht her, soll sie auch gar nicht!

   Auch intuitiv schließen wir logisch genau derart, dass wir annehmen, die Straße könne gerne nass sein (also B *wahr*), egal ob es geregnet hat oder nicht! Es kann ja jemand einen Eimer Wasser verschüttet haben! Die Situation der dritten Zeile, A *falsch* und B *wahr*, ist also durchaus eine *mögliche*, in der Realität auch *vorkommende Situation*, auch dann, wenn $(A \implies B)$ gilt!

   Mehr noch, würde der Implikation für (A *falsch* und B *wahr*) der Wahrheitswert *falsch* zugewiesen werden, dann wäre genau diese (mögliche und vorkommende) Situation (*Prämisse falsch* und die *Konklusion wahr*) logisch ausgeschlossen!

   - Die Straße könnte ohne Regen nicht nass sein!

   - Der Verdächtige könnte ohne Alibi nicht entlastet werden!

- Die Ableitung einer Funktion könnte nicht Null werden, ohne dass an der Stelle ein Hochpunkt vorliegt.

- Eine natürliche Zahl könnte nicht durch 3 teilbar sein, wenn ihre Quersumme nicht durch 9 teilbar wäre.

Aus logischen Gründen ist es also *zwingend geboten,* die *Implikation* $(A \implies B)$ für *(A falsch und B wahr)* mit *wahr* zu belegen.

4. In der Situation (*A falsch* und *B falsch*), wie sie in der 4. Zeile der Wahrheitswertetabelle wiedergegeben wird, sind überaus viele realistische Situationen denkbar, obwohl die Implikation $(A \implies B)$ gilt.

- Z.B. kann die Straße ohne Regen auf viele Weisen trocken bleiben.

- Ein Verdächtiger kann sehr wohl *nicht unschuldig* und *ohne Alibi* sein.

- Es gibt diverse Möglichkeiten für die Ableitung einer Funktion, nicht Null zu sein und an derselben Stelle keinen Hochpunkt zu haben.

- Ganz sicher gibt es sehr viele, sogar unendlich viele natürliche Zahlen, die weder durch 3 teilbar sind noch eine durch 9 teilbare Quersumme haben.

Würde in der *Implikation* die Wahrheitswertekombination (*A falsch* und *B falsch*) mit *falsch* belegt, dann stünden all diese möglichen und vorkommenden Situationen im *logischen*

Widerspruch zur Implikation als Aussagenverknüpfung.

Aus logischen Gründen ist es also *zwingend geboten*, die *Implikation* $(A \Longrightarrow B)$ für *(A falsch und B falsch)* mit *wahr* zu belegen, wenn diese Verknüpfung das korrekte logische Schließen wiedergeben soll.

Um die Eigenschften der *Implikation* sprachlich prägnanter auszudrücken, kann man die Ausdrücke
„schon wenn" oder *„bereits wenn"* benutzen:

$(A \Rightarrow B) \iff$ *(Schon wenn A dann B)* $\iff$ *(Bereits wenn A dann B)*

$(A \Rightarrow B) \iff$ *(Schon aus A folgt B)* $\iff$ *(Bereits aus A folgt B)*

- Schon wenn ein Verdächtiger ein Alibi für die Tatzeit hat, dann ist er unschuldig.
  Sehr wohl kann es weitere Beweise für seine Unschuld geben, auch ohne Alibi!
- Bereits wenn es regnet, wird die Straße nass.
  Sehr wohl gibt es darüber hinaus weitere Möglichkeiten für die Straße, nass zu werden, ohne Regen!
- Bereits wenn ein Funktionsgraph an einer Stelle einen Hochpunkt hat, dann ist an dieser Stelle die erste Ableitung der Funktion gleich Null.
  Sehr wohl kann, auch ohne Vorliegen eine Hochpunktes, an der betreffenden Stelle die Ableitung der Funktion gleich Null sein!
- Bereits wenn die Quersumme einer Zahl durch 9 teilbar ist, dann ist sie selber durch 3 teilbar.

Die schon mehrfach thematisierte enge Verwandtschaft der *Aussagenlogik* mit der *Mengenlehre* tritt auch bei der Implikation zu Tage.

Auf diese wird auch an dieser Stelle nur ergänzend hingewiesen, ohne sie detailliert zu erörtern:

Sei M_A die Menge aller Objekte, auf die die Aussage A zutrifft,

$\quad$ M_B die Menge aller Objekte, auf die die Aussage B zutrifft.

$\quad$ Dann gilt die Implikation $(A \implies B)$ genau dann, wenn

$\quad$ M_A eine Teilmenge von M_B ist, also $(M_A \subset M_B)$ gilt!

Wenn $(A \implies B)$ gilt, dann sagt man auch,

A sei eine *hinreichende Bedingung* für B,

kürzer: $\quad$ *„A ist hinreichend für B".*

3.1.2 Implikation und Kausalität, direkter Beweis

Den Erklärungen des letzten Abschnitts können wir nun sogar einen Beweis dafür hinzufügen, dass die *Implikation*, genau so, wie sie auf Seite 60 per Wahrheitswertetabelle definiert wurde, *logisches Schlussfolgern* korrekt darstellt.

Ist nämlich eine Prämisse A sicher als *wahr* anzunehmen, und gleichzeitig die Gültigkeit einer *Implikation* $(A \implies B)$, so muss gefordert werden, dass aus diesen beiden Voraussetzungen mit Sicherheit die *Wahrheit für Aussage B* folgt.

Andernfalls wäre die Implikation zur Realisierung logischer Folgerungen nicht tauglich!

Also gehen wir von 2 Elementaraussagen A und B aus, und ermitteln für den logischen Term $(A \wedge (A \implies B))$ die Wahrheitswerteverteilung, prüfen dann mit einer Tautologieprobe (vgl. Seite 31), ob die resultierende Implikation $((A \wedge (A \implies B)) \implies B)$ allgemeingültig und damit ein logisches Gesetz ist:

A	B	$A \Longrightarrow B$	$(A \wedge (A \Longrightarrow B)$	$((A \wedge (A \Longrightarrow B)) \Longrightarrow B)$
1	1	1	1	**1**
1	0	0	0	**1**
0	1	1	0	**1**
0	0	1	0	**1**

Die letzte Spalte dieser Tabelle gibt eine *Tautologie* wieder, der zugehörige logische Term $((A \wedge (A \Longrightarrow B)) \Longrightarrow B)$ ist also, was zu beweisen war, ein *logisches Gesetz*, gültig für beliebige Implikationen mit beliebiger Aussagen!

> Für beliebige Aussagen A und B gilt immer:
> $$(A \wedge (A \Longrightarrow B)) \Longrightarrow B$$
> Treffen also eine *gültige Implikation* und eine *wahre Prämisse* zusammen,
> so folgt daraus (zwingend) eine *wahre Konklusion*.

Dieses Gesetz untermauert die Sinnhaftigkeit und die Berechtigung, mit der Implikation, *genau in der Weise, wie sie hier formal definiert wurde, kausale Schlussfolgerungen* darstellen zu können!

Außerdem begründet dieses Gesetz die Methode der *direkten Beweisführung*. Um eine Aussage beweisen zu können, beispielsweise die Unschuld eines Verdächtigen, wird diese als *Konklusion* einer gültigen Implikation betrachtet, z.B. (Alibi vorhanden $\Longrightarrow$ Unschuld bewiesen). Durch die Sicherstellung, dass die Prämisse (Alibi vorhanden) wahr ist, ist dann auch die Wahrheit der Konklusion (Unschuld) bewiesen.

Aber Achtung, bei *falscher Prämisse und gültiger Implikation* kann über die Konklusion *gar nichts* gesagt werden, sie kann *wahr(3. Zeile)* oder *falsch(4. Zeile)* werden. Um dies noch klarer zu verdeutlichen, bestimmen wir für die logischen Terme

$$(\overline{A} \wedge (A \Longrightarrow B)) \Longrightarrow B$$
$$\text{und} \quad (\overline{A} \wedge (A \Longrightarrow B)) \Longrightarrow \overline{B}$$

die Wahrheitswerteverteilungen:

A	B	$\overline{A}$	$\overline{B}$	$A \Longrightarrow B$	$(\overline{A} \wedge (A \Longrightarrow B)$	$(\overline{A} \wedge (A \Longrightarrow B)) \Longrightarrow B$	$(\overline{A} \wedge (A \Longrightarrow B)) \Longrightarrow \overline{B}$
1	1	0	0	1	0	1	1
1	0	0	1	0	0	1	1
0	1	1	0	1	1	1	0
0	0	1	1	1	1	0	1

In den beiden letzte Spalten tritt *keine Tautologie auf*, es gibt also weder für den Nachweis von B noch für den Nachweis von $\overline{B}$ ein logisches Gesetz!

67

> Ist bei einer *gültigen(also wahren) Implikation*
> die *Prämisse ungültig bzw. falsch,*
> so kann daraus
> *für die Konklusion nichts gefolgert werden!*
> Die *Konklusion kann dann wahr oder falsch werden!*

Zu weiterer Verdeutlichung betrachten wir nochmals die Situation der Untersuchung über *Schuld oder Unschuld eines Tatverdächtigen.* Bei *falscher Prämisse*, wenn der Verdächtige also *kein Alibi* hat, so kann *logisch überhaupt nichts* über seine Schuld oder seine Unschuld gefolgert werden, beide Möglichkeiten können *weder bewiesen noch ausgeschlossen* werden!

U.a. findet dies seinen Niederschlag in dem bereits Jahrtausende alten juristischen Grundsatz »*in dubio pro reo*«, also *im Zweifel für den Angeklagten.*

Demnach kann nur derjenige rechtmäßig verurteilt werden, dessen *Schuld* zweifelsfrei *bewiesen* werden kann. Für einen Schuldspruch und eine Verurteilung *reicht es nicht aus*, dass, wie in unserem Beispiel, *kein Unschuldsbeweis* erbracht werden kann!

3.1.3 Der *indirekte Beweis durch Widerspruch*

Die Gültigkeit von Implikationen z.B. ($A \implies B$) wird oft, vor allem in der *Mathematik*, aber keineswegs nur dort, durch einen *Widerspruchsbeweis* geführt. Die Beweismethode ist, obwohl logisch völlig korrekt, intuitiv nicht unmittelbar einsehbar. Viele von Ihnen, liebe Leserinnen und Leser, werden mir Recht geben, u.a. in Erinnerung an Ihren schulischen Mathematikunterricht!

Zu beweisen ist also die Gültigkeit der Implikation ($A \implies B$). Gemäß des Axioms vom *ausgeschlossenen Dritten,*

»*tertium non datur*« (vgl. 2.1, Seite 15), kann nur entweder $(A \Longrightarrow B)$ wahr sein oder die Gegenaussage $(\overline{A \Longrightarrow B})$, weitere Möglichkeiten gibt es nicht!

Anders ausgedrückt, es kann nur

$$\text{entweder } \left[(A \Longrightarrow B) \; wahr \text{ und gleichzeitig } \left(\overline{A \Longrightarrow B}\right) \; falsch\right]$$
$$\text{sein, oder}$$
$$\left[(A \Longrightarrow B) \; falsch \text{ und gleichzeitig } \left(\overline{A \Longrightarrow B}\right) \; wahr\right] \; !$$

Im Widerspruchsbeweis wird nun nachgewiesen, dass $\left(\overline{A \Longrightarrow B}\right)$ *falsch* und damit $(A \Longrightarrow B)$ *wahr* ist.

Mittels äquivalenter Umformungen erhalten wir:

$$\left(\overline{A \Longrightarrow B}\right) \quad \Longleftrightarrow \quad \left(\overline{\overline{A} \vee B}\right) \quad \Longleftrightarrow \quad \left(A \wedge \overline{B}\right)$$

Gelingt es nun, unter Anwendung inhaltlich und logisch korrekter Regeln aus der Voraussetzung $\left(A \wedge \overline{B}\right)$ auf eine *ganz sicher falsche Aussage, eine Kontradiktion, einen logischen Widerspruch* zu schließen, so ist mit Sicherheit die Implikation $(A \Longrightarrow B)$ eine wahre Aussage, ist also bewiesen.

$$\left[\left(A \wedge \overline{B}\right) \Longrightarrow \perp\right] \quad \Longleftrightarrow \quad (A \Longrightarrow B)$$

- Zu beweisen: $\quad \sqrt{2} \notin \mathbb{Q}$, also: $\quad x^2 = 2 \quad \Longrightarrow \quad x \notin \mathbb{Q}$

  Beweis durch Widerspruch:
  Wir legen als Voraussetzung fest: $\quad x^2 = 2 \; \wedge \; x \in \mathbb{Q}$

$\implies$ Eine Darstellung $x = \frac{p}{q}$ ist möglich,

wobei p und q *teilerfremde ganze Zahlen* sind

$\implies$ $x^2 = 2 = \frac{p^2}{q^2}$ $\implies$ $p^2 = 2\,q^2$ $\implies$ $2 \mid p^2$ $\implies$ $2 \mid p$

$\implies$ $4 \mid p^2$ $\implies$ $4 \mid 2q^2$ $\implies$ $2 \mid q^2$ $\implies$ $2 \mid q$

Aus der Voraussetzung wurde einerseits gefolgert, dass p und q *teilerfremd* sind, andererseits das Gegenteil dessen, dass nämlich in Gestalt der Zahl 2 p und q sehr wohl einen gemeinsamen Teiler haben!

Dies sind zwei in sich widersprüchliche Aussagen, können unmöglich zugleich zutreffen, in Kombination stellen sie eine *Kontradiktion* dar, die logisch aus der Voraussetzung folgt. Das logische Gegenteil dieser Voraussetzung muss demnach sicher zutreffend sein, nämlich die zu beweisende Implikation.

- Zu beweisen:

  Alibi nachweisbar $\implies$ Verdächtiger ist unschuldig

Beweis durch Widerspruch:

Voraussetzung: (Alibi vorhanden $\wedge$ Verdächtiger ist Täter)

Einerseits ist wegen des Alibis der Aufenthalt des Verdächtigen zur Tatzeit an einem anderen als dem Tatort nachgewiesen.

Andererseits ist, wenn der Verdächtige wirklich der Täter war, seine Anwesenheit am Tatort zur Tatzeit als sichere Erkenntnis anzusehen.

Sollen beide Aussagen *wahr* werden, so müsste sich der Verdächtige zum selben Zeitpunkt an zwei verschiedenen Orten aufgehalten haben, was jedoch physikalisch *völlig unmöglich* ist. Unter Berücksichtigung anerkannter Naturgesetze führt unsere Voraussetzung zu einem Widerspruch und damit zu einer Kontradiktion, wodurch die Gegenaussage unserer Voraussetzung, eben unsere zu beweisende Behauptung, als zutreffend gesichert gelten kann.

3.1.4 Mehrstufige Implikationen, Transitivität

Angenehm wäre es, wenn wir mit Hilfe von Implikationen ganze Argumentations- oder Beweisketten bilden könnten. Wenn wir also, ausgehend von einer *gesichert wahren* Aussage A mittels *mehrerer bekannter und gütiger Implikationen*, z.B. $(A \Longrightarrow B \Longrightarrow C \Longrightarrow D \Longrightarrow E)$, auf die *Wahrheit der Aussage E* schließen könnten. Dazu muss zunächst die Eigenschaft der *Transitivität* für alle Implikationen nachgewiesen werden.

$$[(A \Longrightarrow B) \wedge (B \Longrightarrow C)] \Longrightarrow (A \Longrightarrow C)$$
Die Implikation ist eine *transitive Verknüpfung*.

A	B	C	$A \Rightarrow B$	$B \Rightarrow C$	$(A \Rightarrow B) \wedge (B \Rightarrow C)$	$(A \Rightarrow C)$	$[(A \Rightarrow B) \wedge (B \Rightarrow C)] \Rightarrow (A \Rightarrow C)$
1	1	1	1	1	1	1	1
1	1	0	1	0	0	0	1
1	0	1	0	1	0	1	1
1	0	0	0	1	0	0	1
0	1	1	1	1	1	1	1
0	1	0	1	0	0	1	1
0	0	1	1	1	1	1	1
0	0	0	1	1	1	1	1

$\checkmark$

Mit $[(A \Rightarrow C) \wedge (C \Rightarrow D)] \implies (A \Rightarrow D)$ kann man nun die Güligkeit (*Wahrheit*) von D sicherstellen, danach mit $[(A \Rightarrow D) \wedge (D \Rightarrow E)] \implies (A \Rightarrow E)$ die Gültigkeit (*Wahrheit*) von E usw.

So lange A wahr ist und die Gültigkeit *aller* nacheinander benutzten *Implikationen* gesichert ist, schreitet man immer weiter vor zu *wahren Aussagen*!
Aber Achtung (!!!), ist diese Kette von *Implikationen* auch nur ein einziges Mal unterbrochen, dann kann die Verneinung möglicherweise sehr komplex werden!

- *(Es regnet)* $\implies$ *(Die Straße wird nass)*
$\implies$ *(Die Reifen eines Autos werden nass)*

Aus dem Schatz aller Lebenserfahrungen heraus wird wohl jeder die Allgemeingültigkeit dieser *Implikationskette* bestätigen können. Und nach einem Landregen wird zu Recht niemand annehmen, dass ein Auto, das auf der Straße gefahren ist, etwa trockene Reifen hätte. Dies ist wirklich *aus Gründen der Logik* unmöglich!

Was aber ist genau los, welche Teilaussagen gelten, welche nicht, wenn etwa die Straße nicht nass ist, wenn es etwa nicht geregnet hat, oder die Reifen des Autos sind trocken? Eine einfache Antwort auf diese Fragen ist nicht möglich.

3.2 Die *Die Kontraposition* der Implikation

Wir betrachten die Definition $(A \implies B) \iff (\overline{A} \vee B)$ der Implikation, und entwickeln diese durch geringfügige Umformungen weiter:

$$(A \implies B) \iff (\overline{A} \vee B) \iff (\overline{A} \vee \overline{\overline{B}})$$
$$\iff (\overline{\overline{B}} \vee \overline{A}) \iff (\overline{B} \implies \overline{A})$$

Damit gilt ganz offensichtlich:

$$(\overline{B} \implies \overline{A}) \Leftrightarrow (\overline{A} \Leftarrow \overline{B}) \Leftrightarrow (A \implies B)$$

$(\overline{B} \implies \overline{A})$ heisst *Kontraposition* zu $(A \implies B)$
Die *Kontraposition einer Implikation*
ist *äquivalent zur Implikation* selber.
Die Schreibweise mit dem
nach links weisenden Pfeil ist *zulässig*.
Die Pfeilrichtung gibt die
Richtung der Implikation wieder.

Eine *Implikation* und ihre *Kontraposition* gehören als äquivalente Aussagen immer untrennbar zusammen. Entweder sind *beide gültig, also wahr*, oder *keine von ihnen ist gültig*.

Wir stellen die *Kontraposition* in einer Wahrheitswertetabelle dar und beweisen bei dieser Gelegenheit ein weiteres Mal ihre Äqivalenz zur Implikation:

A	B	$\overline{A}$	$\overline{B}$	$A \Rightarrow B$	$\overline{B} \Rightarrow \overline{A}$	$\overline{\overline{B}} \vee \overline{A}$	$(A \Rightarrow B)$ $\Longleftrightarrow$ $(\overline{B} \Rightarrow \overline{A})$
1	1	0	0	1	1	1	1
1	0	0	1	0	0	0	1
0	1	1	0	1	1	1	1
0	0	1	1	1	1	1	1

Durch unsere Beispiele wird die neue Gesetzmäßigkeit zusätzlich untemauert:

- *((Schon) wenn ein Verdächtiger nicht unschuldig ist)   dann (kann er kein Alibi haben)*
- *((Bereits) wenn die Straße nicht nass ist)   dann   (hat es nicht geregnet.)*
- *((Bereits) wenn die Ableitung einer Funktion nicht Null ist,) dann   (kann der Funktionsgraph an dieser Stelle keinen Hochpunkt haben).*
- *((Bereits) wenn eine Zahl nicht durch 3 teilbar ist) dann   (kann ihre Quersumme nicht durch 9 teilbar sein).*

Jetzt kann auch der auf Seite 60 aufgezeigte *scheinbare Widerspruch* aufgeklärt werden, dass eine Implikation einerseits als *nichtkommutative Aussagenverknüpfung* erscheint, jedoch zu einer anderen, sehr wohl *kommutativen Aussageverknüpfung*, äquivalent ist.

$$(A \Longrightarrow B) \quad \Longleftrightarrow \quad \left(\overline{A} \vee B\right) \quad \Longleftrightarrow \quad \left(B \vee \overline{A}\right) \quad \Longleftrightarrow \quad \left(\overline{B} \Longrightarrow \overline{A}\right)$$

Bei der Implikation führt zwar nicht die *Variablenvertauschung* zu einer *aquivalenten Aussage*, es gibt aber zu jeder Implikation eine weitere, anders herum lesbare, äquivalente Implikation, nämlich ihre *Kontraposition*.

Die beiden mittleren Terme in der Umformungszeile, hier Disjunktionen, sind zueinander im *ganz strengen Sinne kommutativ*, nämlich durch *Variablenvertauschung*.

3.2.1 *Hinreichende* und *notwendige* Bedingungen

Bereits am Ende von 3.1.1 (vgl. S. 65) hatten wir, falls $(A \Longrightarrow B)$ gilt, A als *hinreichende Bedingung für B* bezeichnet.
So ist beispielsweise

- *Ein Alibi für einen Verdächtigen eine hinreichende Bedingung für seine Unschuld!*
- *Vorausgegangener Regen eine hinreichende Bedingung für eine nasse Straße*

> *Hinreichende Bedingungen* nützen uns etwas, wenn eine *Implikation* gilt und wir die *Prämisse* kennen.
> Eine *wahre Prämisse ist hinreichende Bedingung* für eine *wahre Konklusion.*

Wegen des *Kontrapositionsprinzips* (vgl. 3.2, Seite 73) können wir, auch umgekehrt,
etwas über *die Prämisse* folgern, wenn wir den *Wahrheitswert der Konklusion* kennen.

Die Negierung der Konklusion, soviel ist sicher,
zieht nämlich die *Negierung der Prämisse* nach sich!

Dies kann man auch so ausdrücken, dass die *Negierung der Konklusion* eine *hinreichende Bedingung für die Negierung der Prämisse* ist!

Die *Prämisse* ihrerseits kann also nur *wahr* werden, wenn die *Konklusion nicht falsch*, also *wahr* wird! Es ist zwar keineswegs sicher, dass die Prämisse bei wahrer Konklusion auch wirklich wahr wird, bei *falscher* Konklusion jedoch *kann die Prämisse keinesfalls wahr werden!*

Die *Gültigkeit (Wahrheitswert: wahr) der Konklusion* muss also als *Mindestbedingung* erfüllt sein, damit die Prämisse überhaupt *gültig, wahr* werden kann!

Damit die *Prämisse also wahr werden kann,*
        muss *notwendigerweise* die *Konklusion wahr werden!*

> Genau aus diesem Grunde
>   ist bei *jeder Implikation* die *Konklusion*
>   eine *notwendige Bedingung* für die Prämisse.

Wir fassen zusammen:

> $(A \implies B)$
> $\iff$ *(A ist hinreichende Bedingung für B)*
> $\iff$ *(B ist notwendige Bedingung für A)*

Eine weitere Veranschaulichung ermöglichen unsere Beispiele:

- *Die Unschuld eines Verdächtigen*
        ist eine notwendige Bedingung dafür,
            dass er ein Alibi hat!

- *Eine nasse Straße*
  > *ist notwendige Bedingung dafür,*
  >> *dass es regnet oder geregnet hat.*

  Obwohl es weitere Möglichkeiten für eine nasse Straße gibt!
- *Der Wert Null für die 1.Ableitung einer Funktion*
  > *ist notwendige Bedingung dafür,*
  >> *dass ein lokaler Hochpunkt vorliegt.*
- *Die Teilbarkeit einer Zahl durch 3*
  > *ist notwendige Bedingung für*
  >> *die Teilbarkeit der Quersumme durch 9 .*

Das Arbeiten mit der *notwendigen Bedingung* kann man sich im übertragenen Sinne mit einer *Kandidatensuche* veranschaulichen:

- Nur diejenigen, die KEIN Alibi haben, gehören zum Kreis der Tatverdächtigen, Personen mit Alibi können wegen der notwendigen Bedingung keine Tatverdächtigen sein.
- Soll nachgewiesen werden, dass es geregnet hat, so schaut man sich alle Möglichkeiten und Szenerien an, in denen die Straße nass ist. Nur diese kommen für den gewünschten Beweis in Frage, die anderen nicht! Eine Szenario mit trockener Straße steht logisch nicht im Einklang mit zeitnahen Regenfällen! Natürlich ist *zusätzlich* noch in jedem Einzelfall ggf. die Erfüllung der *hinreichenden* Bedingung nachzuweisen!
- Nur die Nullstellen der 1.Ableitung kommen für die weitere Untersuchung auf einen Hochpunkt des Graphen in Frage. Alle anderen x-Werte sind wegen der notwendigen Bedingung hierfür ausgeschlossen.
- Nur die durch 3 teilbaren Zahlen kommen als Kandidaten für Zahlen in Frage, deren Quersumme durch 9 teilbar sein soll!

Die *notwendige* Bedingung kann durch eine »*NUR-Formulierung*« noch prägnanter ausgedrückt werden:

$(A \implies B)$
$\qquad \iff \quad$ *(B ist notwendige Bedingung für A)*
$\qquad \iff \quad$ *(nur dann, wenn B gilt, gilt auch A)*

3.2.2 Der *indirekte Beweis durch Kontraposition*

Soll die Gültigkeit einer Implikation, z.B. $(A \implies B)$, bewiesen werden, so kann es situationsweise günstig sein, diesen Beweis so zu führen, dass die *Kontraposition der Implikation*, hier also $(\overline{B} \implies \overline{A})$, anstelle der (dazu äquivalenten) Implikation selbst bewiesen wird:

Im Beweis geht man davon aus,
dass die *Gegenaussage der Konklusion wahr* ist.
Gelingt dann der Nachweis,
dass die *Gegenaussage der Prämisse wahr* ist,
so kann $(\overline{B} \implies \overline{A})$ als bewiesen gelten,
und damit ist dann auch
die zugehörige Kontraposition $(A \implies B)$ bewiesen.

- Aus einem *vorhandenen Alibi* soll auf die *Unschuld des Verdächtigen* geschlossen werden.
  Hier stellt also die *zu beweisende Unschuld* die *Konklusion* dar. Nehmen wir nun das *logische Gegenteil dieser Konklusion als wahr an*, also die *erwiesene Schuld*. Aus der angenommenen Täterschaft des Verdächtigen kann auf seine Ortsanwesenheit am Tatort zur Tatzeit geschlossen werden. Hieraus folgt aber

zwingend, dass er zur Tatzeit an *keinem anderen Ort als dem Tatort* gewesen, was genau bedeutet, dass er kein Alibi haben kann.

Aus Täterschaft folgt also die Unmöglichkeit eines Alibis, und nach dem Kontrapositionsprinzip ist damit gleichwertig, dass aus der gesichetren und bewiesenen Existenz eines Alibis auf die Nichttäterschaft des Verdächtigen geschlossen werden kann. Der Beweis für der eigentlichen Implikation ist damit erbracht!

- Ist die Quadratzahl einer natürlichen Zahl *ungerade,*
  so ist auch die natürliche Zahl selber *ungerade.*

Wir führen den Beweis dieser Implikation auf indirektem Wege mit Hilfe des Gesetzes der Kontraposition.

Dazu gehen wir von der Verneinung der Konklusion als neuer Annahme aus:

Eine Zahl $n \in N$ ist gerade, also $n = 2 \cdot k$, $k \in N$.

$\implies \quad n^2 = (2k)^2 = 4k^2$, also $4|n^2 \implies 2|n^2$

Also gilt: (n ist gerade) $\implies$ (n^2 ist gerade).

 Gemäß des Gesetzes der *Kontraposition* ist diese Implikation äquivalent zu:

$$(n^2 \text{ ist ungerade}) \quad \implies \quad (n \text{ ist ungerade}) \quad \surd$$

3.3 Die *Gegenaussage*, die *Negierung* der Implikation

Bereits im Abschnitt 3.1.1 auf Seite 59 hatten wir festgestellt, dass die Konjunktion $(A \wedge \overline{B})$ das *genaue logische Gegenteil* der Implikation $(A \implies B)$ sein muss, also deren Gegenaussage, deren

Negierung was u.a. durch die Wahrheitswertetabelle von Seite 52, Spalten Nr. 3 und Nr. 7 bestätigt wird.

$$\overline{\left(A \Longrightarrow B \right)} \quad \Longleftrightarrow \quad \overline{\left(\overline{A} \vee B \right)} \quad \Longleftrightarrow \quad \left(A \wedge \overline{B} \right)$$

Bisher noch unbeachtet ist die Frage geblieben, wie die *Negation einer Implikation*, die ja in jedem Falle eine *Konjunktion* ist, sprachlich zu interpretieren ist, insbesondere im Hinblick auf die *kausale Bedeutung* der verneinten Implikation.

$\overline{\left(A \Longrightarrow B \right)}$ ist sprachlich ganz sicher interpretierbar als:

$$\textit{Es gilt keinesfalls:} \quad \gg \textit{(Aus A folgt B)} \ll$$

$$\textit{Damit gilt keinesfalls:} \quad \gg \overline{\left(\overline{A} \vee B \right)} \ll$$

$$\textit{Dann wiederum gilt keinesfalls:} \quad \gg \left(\overline{\overline{A \wedge \overline{B}}} \right) \ll$$

Die letzte dieser Bedingungen, dass nämlich *keinesfalls* $\left(\overline{A \wedge \overline{B}} \right)$ gelten darf, ist bereits dann verletzt, wenn nur in einem einzigen Fall die Gültigkeit der Konjunktion $\left(A \wedge \overline{B} \right)$ nachweisbar ist oder die Möglichkeit ihres Auftretens nachweisbar ist.

Dies können wir auch so formulieren, dass *eine Implikation ihre Gültigkeit verliert*, was gleichbedeutend mit der Gültigkeit ihrer *Gegenaussage* ist, allein wenn es gelingt, die Existenz mindestens einer Situation nachzuweisen, in der *trotz wahrer Prämisse* eine *falsche Konklusion* auftritt. Man spricht in einem solchen Falle von einem *Gegenbeispiel*, dessen Existenz gesichert bzw. bewiesen werden muss. Wenn die Möglichkeit der Existenz eines Gegenbeispiels nachgewiesen werden kann, muss das Gegenbeispiel nicht explizit bekannt sein.

> Die *Gegenaussage bzw. Negation einer Implikation*
> ist immer bestimmt durch
> die *Existenz* oder die *nachweisbar mögliche Existenz*
> einer *Konjunktion aus*
> *wahrer Prämisse und falscher Konklusion.*

In diesem Sinne stellt jede *verneinte Implikation* eine sog. »*Existenzaussage*« für eine bestimmte *Konjunktion* dar. Wird für mindestens einen einzigen Fall nachgewiesen, dass *wahre Prämisse und falsche Konklusion,* $\left(A \wedge \overline{B} \right)$, gültig nebeneinander existieren können, ist die zugehörige Implikation widerlegt und damit die Negation dieser Implikation als wahre Aussage und bewiesen.

Anders herum stellt jede *nicht verneinte Implikation*, also wirklich JEDE Implikation, als Gegenaussage der o.g. Existenzaussage, eine sog. »*ALL-Aussage*« für eine bestimmte Disjunktion dar, nämlich die Disjunktion aus *falscher Prämisse und wahrer Konklusion* $\left(\overline{A} \vee B \right)$. Die Implikation ist immer eine *ALL-Aussage*, sie gilt in *ALLEN denkbaren Fällen, in denen die Prämisse wahr* ist.

Folgende Beispiele mögen, insbesondere sprachlich, die Formulierung der verneinten Implikation verdeutlichen:

- »*Es gibt eine gerade Zahl, die Primzahl ist.*«
  ist die (*gültige*) Negation zur (*ungültigen*) Implikation
  »*Alle Primzahlen sind ungerade Zahlen*«.
- »*Manche alten Menschen sind nicht weise.*«
  ist die Gegenaussagen zur Implikation
  »*Alte Menschen sind weise.*«
  und ebenso Gegenaussage zur Kontraposition dieser Implikation
  »*Nicht weise Menschen sind nicht alt.*«

- *»Es gibt nicht alte Menschen, die weise sind.«*
  ist die Gegenaussagen zur Implikation
  »Nicht alte Menschen sind nicht weise.«
  und ebenso Gegenaussage zur Kontraposition dieser Implikation
  »Weise Menschen sind alt.«
- *»Es gibt Fische, die fliegen können.«*
  ist die Gegenaussagen zur Implikation
  »Fische können nicht fliegen.«
  und ebenso Gegenaussage zur Kontraposition dieser Implikation
  »Fliegende Wesen sind keine Fische.«

Nicht als strenges Gesetz, eher als *»oft und gut funktionierende Faustregel«* nehmen wir aus diesem Abschnitt die Erkenntnis mit, dass in Aussagen, die verbal für einige, wenige, manche Objekte oder Situationen formuliert sind (Existenzaussagen, für *mindestens ein* Objekt, *mindestens eine Situation* geltend) , eher *Konjunktionen* dargestellt werden, und damit *verneinte Implikationen.*
Aussagen hingegen, die *für alle Objekte, Situationen etc.* formuliert sind (*ALL-Aussagen*), stellen oft *Disjunktionen* dar, und damit *anders formulierte, nicht verneinte Implikationen.*

Zum Ende dieses Abschnittes möchte ich darauf hinweisen, das das Thema der *Allaussagen* und der *Existenzaussagen* in den bisherigen Ausführungen keineswegs erschöpfend behandelt worden ist. *Allaussagen* und *Existenzaussagen* gehören zur *»Quantorenlogik«* und zur *»Prädikatenlogik«*, beides Wissenszweige, die die hier behandelte *Aussagenlogik* einerseits beinhalten, andererseits aber *deutlich über diese hinausgehen.* Ich habe diese Begriffe nur so weit und in dem Komlexitätsgrad eingeführt, wie dies zum Verständnis der vorliegenden Abhandlung nötig ist.

Wer weiter gehendes Interesse hat, dem seien die »*Prädikatenlogik*« und die »*Quantorenlogik*« als weitergehende Studienthemen empfohlen.

3.4 Die Umkehrung der Implikation

> Vertauscht man bei einer Implikation $(A \Longrightarrow B)$
> die *Prämisse (hier A)* mit der *Konklusion (hier B)*,
> so erhält man $(B \Longrightarrow A)$,
> die *Umkehrung der Implikation.*
> Auch die Schreibweise $(A \Longleftarrow B)$ ist möglich.

Wegen

$$(B \Longrightarrow A) \quad \Longleftrightarrow \quad (\overline{B} \vee A) \quad \Longleftrightarrow \quad (A \vee \overline{B})$$

können wir eine Wahrheitswertetabelle für $(B \Longrightarrow A)$ aufstellen:

A	B	$\overline{A}$	$\overline{B}$	$(A \vee \overline{B})$	$(B \Longrightarrow A)$ $\Longleftrightarrow$ $(A \vee \overline{B})$	$(A \Longrightarrow B)$ nicht äqu.zu $(B \Longrightarrow A)$	$\left(\overline{A \Longrightarrow B} \right)$ nicht äqu.zu $(B \Longrightarrow A)$
1	1	0	0	1	1	1	0
1	0	0	1	1	1	0	1
0	1	1	0	0	0	1	0
0	0	1	1	1	1	1	0

> $(B \Longrightarrow A)$ ist *nicht äquivalent* zu $(A \Longrightarrow B)$,
> und $(B \Longrightarrow A)$ ist auch
> *nicht äquivalent zu* $\overline{(A \Longrightarrow B)}$,
> *der Gegenaussage von* $(A \Longrightarrow B)$.

Vielmehr ist $(B \Longrightarrow A)$ *eine eigenständige Aussagenverknüpfung*, die in unserer Tabelle von Seite 52 eine ganz eigene Wahrheitwerteverteilung hat, nämlich die der dortigen Spalte 8, formal $(A \vee \overline{B})$.

Selbstverständlich kann man zu der Implikation $(B \Longrightarrow A)$ als eigenständiger Aussagenverknüpfung auch die *Kontraposition* bilden, und wie bei jeder anderen Implikation ist deren Kontraposition *äquivalent zur Implikation* selber:

$$(B \Longrightarrow A) \iff (\overline{A} \Longrightarrow \overline{B}) \iff (A \vee \overline{B})$$

Insbesondere haben $(B \Longrightarrow A)$ und $(\overline{A} \Longrightarrow \overline{B})$ dieselbe Wahrheitwerteverteilung, dargestellt in Spalte 8 der Tabelle von Seite 52.

Neben der Spalte 7 dieser Tabelle kann nunmehr auch deren Spalte 8 als *logische Folgerung*, als *Implikation*, interpretiert werden.
Dass die 3. Spalte der Tabelle von Seite 52 als *Gegenaussage der Implikation*, also als $\overline{(A \Longrightarrow B)}$ angesehen werden kann, hatten wir schon weiter oben erkannt (vgl. S. 80). Auf dieselbe Art und Weise können wir nunmehr ihre Spalte 4 als *Gegenaussage zur Implikationsumkehrung*, also als $\overline{(B \Longrightarrow A)}$, auffassen:

$$\overline{(B \Longrightarrow A)} \Leftrightarrow \overline{(\overline{B} \vee A)} \Leftrightarrow (B \wedge \overline{A}) \Leftrightarrow (\overline{A} \wedge B)$$

Analog zu den Ausführungen von Seite 81 verbalisieren wir:
»Es ist möglich, dass A falsch wird, obwohl B wahr ist.«

					...	3	4	...	7	8	...
						$A \wedge \overline{B}$	$\overline{A} \wedge B$		$\overline{A} \vee B$	$A \vee \overline{B}$	
A	B	$\overline{A}$	$\overline{B}$								
1	1	0	0		...	0	0	...	1	1	...
1	0	0	1		...	1	0	...	0	1	...
0	1	1	0		...	0	1	...	1	0	...
0	0	1	1		...	0	0	...	1	1	...
						$(A \Rightarrow B) \Leftrightarrow (\overline{B} \Rightarrow \overline{A})$	$(B \Rightarrow A) \Leftrightarrow (\overline{A} \Rightarrow \overline{B})$		$(A \Rightarrow B) \Leftrightarrow (\overline{B} \Rightarrow \overline{A})$	$(B \Rightarrow A) \Leftrightarrow (\overline{A} \Rightarrow \overline{B})$	

Der fundamentale Zusammenhang einer Implikation $(A \Longrightarrow B)$ mit ihrer Umkehrung $(B \Longrightarrow A)$ wird erst dann deutlich zu Tage treten, wenn wir, ab Seite 92, Abschnitt 3.6.1, Implikationen und Äquivalenzen im Zusammenhang betrachten werden.

3.4.1 Weitere Implikationen zweier Elementaraussagen

In der schon mehrfach zitierten Tabelle aller möglichen zweiwertigen Aussageverknüpfungen von Seite 52 gibt es jetzt noch 2 *Disjunktionen*

(Spalte Nr.5 und Nr.6), die von uns noch nicht *als Implikationen* interpretiert worden sind, und 2 *Konjunktionen* (Spalte Nr.1 und Nr.2), die von uns noch nicht als *Gegenaussagen von Implikationen* interpretiert worden sind. Die Übersicht von Seite 52 soll nachfolgend in diesem Sinne vervollständigt werden.

Wir beginnen mit der Spalte Nr.5, die die Wahrheitswerteverteilung der Disjunktion $(A \vee B)$ wiedergibt, sowie mit der Spalte Nr.6, die die Wahrheitswerteverteilung der Disjunktion $(\overline{A} \vee \overline{B})$ wiedergibt:

$$(A \vee B) \iff \left(\overline{(\overline{A})} \vee B \right) \iff \quad (\overline{\mathbf{A}} \implies \mathbf{B}) \iff (\overline{\mathbf{B}} \implies \mathbf{A})$$

$$(\overline{A} \vee \overline{B}) \iff \left(\overline{(A)} \vee \overline{B} \right) \iff \quad (\mathbf{A} \implies \overline{\mathbf{B}}) \iff (\mathbf{B} \implies \overline{\mathbf{A}})$$

Wir erkennen, dass auch diese beiden, durch die Spalten 5 und 6 ausgedrückten Disjunktionen, *logisch interpretierbar sind als Implikationen*, als *logische Folgerungen*, und zwar jede für sich auf zwei unterschiedliche Weisen, denn zur Implikation selber kommt immer auch die jeweilige *Kontraposition* hinzu.

Zudem sind die durch die Spalten Nr.1 und Nr.2 repräsentierten *Konjunktionen* nichts anderes als die beiden *Gegenaussagen*:

$$(A \wedge B) \iff \left(\overline{\overline{A} \vee \overline{B}} \right) \iff \quad \left(\overline{\mathbf{A} \implies \overline{\mathbf{B}}} \right) \iff \left(\overline{\mathbf{B} \implies \overline{\mathbf{A}}} \right)$$

»*Es ist möglich, dass B wahr wird, obwohl A wahr ist.*«

»*Es ist möglich, dass A wahr wird, obwohl B wahr ist.*«

$$\left(\overline{A} \wedge \overline{B} \right) \iff \left(\overline{A \vee B} \right) \iff \quad \left(\overline{\overline{\mathbf{A}} \implies \mathbf{B}} \right) \iff \left(\overline{\overline{\mathbf{B}} \implies \mathbf{A}} \right)$$

»*Es ist möglich, dass B falsch wird, obwohl A falsch ist.*«

»*Es ist möglich, dass A falsch wird, obwohl B falsch ist.*«

Der resultierende, präzisierte Tabellenauszug ist am Beginn der nächsten Seite zu finden:

A	B	$\overline{A}$	$\overline{B}$	1	2	3	4	5	6	7	8	...
				$A \wedge B$	$\overline{A} \wedge \overline{B}$	$A \wedge \overline{B}$	$\overline{A} \wedge B$	$A \vee B$	$\overline{A} \vee \overline{B}$	$\overline{A} \vee B$	$A \vee \overline{B}$	
1	1	0	0	1	0	0	0	1	0	1	1	...
1	0	0	1	0	0	1	0	1	1	0	1	...
0	1	1	0	0	0	0	1	1	1	1	0	...
0	0	1	1	0	1	0	0	0	1	1	1	...
				$(\overline{B \Rightarrow \overline{A}}) \Leftrightarrow (\overline{A \Rightarrow \overline{B}})$	$(\overline{\overline{B} \Rightarrow A}) \Leftrightarrow (\overline{\overline{A} \Rightarrow B})$	$(\overline{\overline{B} \Rightarrow \overline{A}}) \Leftrightarrow (\overline{A \Rightarrow B})$	$(\overline{\overline{A} \Rightarrow \overline{B}}) \Leftrightarrow (\overline{B \Rightarrow A})$	$(\overline{B} \Rightarrow A) \Leftrightarrow (\overline{A} \Rightarrow B)$	$(A \Rightarrow \overline{B}) \Leftrightarrow (B \Rightarrow \overline{A})$	$(\overline{B} \Rightarrow \overline{A}) \Leftrightarrow (A \Rightarrow B)$	$(\overline{A} \Rightarrow \overline{B}) \Leftrightarrow (B \Rightarrow A)$	

3.5 Die Implikation in der Umgangssprache

Sehr oft sind logische Aussagen und logische Aussageformen, insbesondere auch Implikationen, umgangssprachlich formuliert. Daher müssen sie, wenn sie formalisiert dargestellt und nach logischen Gesetzen und Regeln untersucht werden sollen, aus der Umgangssprache in die formalisierte logische Sprache »*übersetzt werden*«.

Diese Aufgabe ist nicht immer ganz einfach, was wir beispielhaft bereits in den unmittelbar vorangegangenen Erörterungen über *Negationen von Implikationen* erkannt haben. Bisweilen sind erhebliche Sorgfalt und Aufmerksamkeit erforderlich, um Fehler zu vermeiden!

3.5.1 »*Nur-Formulierungen*« notwendiger Bedingungen

Bereits am Ende des Unterabschnitts 3.2.1 auf Seite 78 hatten wir die »*Nur-Formulierung*« als ein geeignetes stilistisches Mittel kennengelernt, um *notwendige Bedingungen* prägnant hervorzuheben.

Nun werden nicht selten Implikationen sprachlich von vornherein als notwendige Bedingungen in der »*NUR-Formulierung*« ausgedrückt. Und diese sollten dann als solche auch sicher erkannt werden, um Prämisse und Konklusion inhaltlich korrekt zuzuordnen. Einige Beispiele mögen die Situation verdeutlichen:

- In der Aussage »*(Nur der frühe Vogel fängt den Wurm.)*« ist die erstgenannte frühe Anwesenheit des Vogels eben eine *notwendige Bedingung für seinen Jagderfolg.*
  Die frühe Anwesenheit ist also die *Konklusion,*
  der Jagderfolg die *Prämisse* dieser Implikation,
  die sich demnach folgendermaßen darstellt:
  »*(Jagderfolg des Vogels)* $\implies$ *(Frühe Anwesenheit des Vogels)*«.
- Der Satz
  »*(Nur unschuldige Verdächtige können ein Alibi haben.)*«
  drückt die Implikation
  »*(Vardächtiger mit Alibi.)* $\implies$ *(unschuldiger Verdächtiger)* «
  aus. Die in der textlichen Formulierung erstgenannte Unschuld ist nämlich *notwendige Bedingung* für ein Alibi. Die *Unschuld ist also Konklusion, das Alibi Prämisse* der sprachlich formulierten Implikation.
- »*(Nur gerade natürliche Zahlen können durch 12 teilbar sein)*«
  ist gleichbedeutend mit
  »*(Teilbarkeit durch 12)* $\implies$ *(Natürliche Zahl ist gerade)* «

3.5.2 *Verneint formulierte notwendige Bedingungen*

Auch dieses gern genutzte sprachliche Stilmittel für notwendige Bedingungen kann Fehlerquellen beinhalten. Wir betrachten es an folgendem Beispiel etwas näher. Weithin bekannt ist die Aussage
>> *Ohne Fleiß kein Preis!* <<
Einer inhaltlichen Erörterung enthalten wir uns, wie immer in der logischen Betrachtungsweise. Allein schon die Frage, wie diese Implikation aufzufassen ist, erschließt sich nicht unmittelbar. Eine allgemein positiv gesehene Tugend, *der Fleiß*, wird in einen logischen Zusammenhang mit einem möglichen Erfolg dieser Tugend, *dem Preis*, gebracht. Aber folgt nun aus dem Fleiß der Preis oder ist aus einem Erfolg(Preis) der vorangegangene Fleiß zu folgern? Was ist Prämisse, was Konklusion ?

Sprachlich wird festgestellt, dass unter der Prämisse fehlenden Fleißes ein fehlender Preis die Konklusion sein wird. Sowohl die Prämisse als auch die Konklusion sind als Verneinungen formuliert:
$$(Nicht\ vorhandener\ Fleiß)\quad \Longrightarrow \quad (Nicht\ erfolgte\ Prämierung)\ .$$
Gehen wir zu den nicht verneinten Teilaussagen über, so erhalten wir unter Anwendung der *Kontrapositionsregel für Implikationen*:
$$(Erfolgte\ Prämierung(Preis))\quad \Longrightarrow \quad (Vorausgegangener\ Fleiß)\ .$$

Einige weitere Beispiele sollen die gleiche Sachlage verdeutlichen:

- >> *Wo kein Kläger, da kein Richter.* <<
  Für die Aufnahme eines Gerichtsverfahrens ist in der Justiz die Anklageerhebung eine *notwendige Bedingung*. Dies gilt, obwohl keineswegs alle Anklagen auch zu Gerichtsverfahren führen. Damit keine Verbrechen ungesühnt bleiben, werden Straftaten von Staats wegen, durch die Staatsanwaltschaft, angeklagt. Also: $(Gerichtsverfahren) \Longrightarrow (vorherige\ Anklage)$

- *»Ohne Führerschein darf niemand ein Auto fahren.«*
  Achtung, der Besitz eines Führerscheines ist hier eine *notwendige, keineswegs eine hinreichende Bedingung*! Für diese müssen zusätzlich eine oder mehrere weitere Bedingungen erfüllt sein, z.B. die Fahrtüchtigkeit.
  Also: *(Auto wird gefahren)* $\implies$ *(Führerschein vorhanden)*
- *»Ohne Konzentration können keine Fehler vermieden werden.«*
  Konzentration *alleine* impliziert und garantiert noch keine Fehlerfreiheit!
  Also: *(Keine Fehler)* $\implies$ *(Konzentration)*

3.5.3 Formulierungen mit *»keine(r), niemals, Niemand«*

Diese Formulierungen sind vergleichsweise einfach zu behandeln:
      Wenn für Niemanden A gilt, dann gilt für alle $\overline{A}$!
Wenn es wirklich *Niemanden gibt*, für den *A* zutrifft, dann kann nur *für alle* das logische Gegenteil von *A* gelten, eine dritte Möglichkeit gibt es bekanntlich nicht!

Folgende Beispiele sollten selbsterklärend sein:

- *»(Keine Katze bellt.)«* $\iff$ *»(Alle Katzen bellen nicht.)«*
- *»(Kein Leistungssportler ist Raucher.)«*
  $\iff$ *»(Alle Leistungssportler sind Nichtraucher.)«*
- *»(Ein Vegetarier isst niemals Fleisch.)«*
  $\iff$ *»(Ein Vegetarier isst immer etwas anderes als Fleisch.)«*
- *»(Die Aussage $(A \wedge \overline{A})$ ist niemals wahr.)«*
  $\iff$ *»(Die Aussage $(A \wedge \overline{A})$ ist immer falsch.)«*

3.6 Die Äquivalenz, unter dem Blickwinkel der Kausalität

3.6.1 Die Implikation und die Äquivalenz

Betrachten wir nun die *Implikation* $(A \Longrightarrow B)$ und deren *Umkehrung* $(B \Longrightarrow A)$ und verlangen, dass *beide* gelten sollen. Wir betrachten also die *UND-Vernüpfung* $((A \Rightarrow B) \wedge (B \Rightarrow A))$ der beiden *Implikationen*:

A	B	$A \Longrightarrow B$	$B \Longrightarrow A$	$(A \Longrightarrow B)$ $\wedge (B \Longrightarrow A)$	$A \Longleftrightarrow B$
1	1	1	1	1	1
1	0	0	1	0	0
0	1	1	0	0	0
0	0	1	1	1	1

> Gilt also eine *Implikation* zweier Aussagen A und B
> in *beide Richtungen*, also $[(A \Rightarrow B) \wedge (B \Rightarrow A)]$,
> so sind A und B *äquivalent* $(A \Longleftrightarrow B)$.

Symbolisch schreiben wir:

$$[(A \Longrightarrow B) \wedge (B \Longrightarrow A)] \quad \Longleftrightarrow \quad (A \Longleftrightarrow B)$$

3.6.2 Genau dann wenn

Statt *äquivalent* wird oft auch »*genau dann wenn*« gesagt.
Genau dann nämlich, wenn eine der Aussagen *wahr* ist, dann ist auch

die andere *wahr*, und *genau dann*, wenn eine der beiden Aussagen *falsch* ist, dann ist auch die andere falsch.

Aus der *Äquivalenz* zweier Aussagen A und B lassen sich mehrere Implikationen folgern:

$$(A \Longleftrightarrow B) \qquad \Longrightarrow \qquad (A \Longrightarrow B) \qquad (3.1)$$

$$(A \Longleftrightarrow B) \qquad \Longrightarrow \qquad (B \Longrightarrow A) \qquad (3.2)$$

$$(A \Longleftrightarrow B) \qquad \Longrightarrow \qquad (\overline{A} \Longrightarrow \overline{B}) \qquad (3.3)$$

$$(A \Longleftrightarrow B) \qquad \Longrightarrow \qquad (\overline{B} \Longrightarrow \overline{A}) \qquad (3.4)$$

Auch an konkreten Beispielen wird dies gut deutlich:

- *Genau dann, wenn die Quersumme einer natürlichen Zahl durch 9 teilbar ist, dann ist auch die Zahl selbst durch 9 teilbar.*
  Hieraus folgen insbesondere die Implikationen:

  1. *(Quersumme durch 9 teilbar)* $\Longrightarrow$ *(Zahl durch 9 teilbar)*

  2. *(Zahl durch 9 teilbar)* $\Longrightarrow$ *(Quersumme durch 9 teilbar)*

  3. *(QS nicht durch 9 teilbar)* $\Longrightarrow$ *(Zahl nicht durch 9 teilbar)*

  4. *(Zahl nicht durch 9 teilbar)* $\Longrightarrow$ *(QS nicht durch 9 teilbar)*

- Ein an einer Tatwaffe sichergestellter Fingerabdruck wird mit dem Fingerabdruck eines Verdächtigen verglichen.
  Genau dann, wenn sich Übereinstimmung ergibt, dann kann der Verdächtige als schuldig überführt gelten.
  Hieraus folgen insbesondere die Implikationen:

  1. *(Übereinstimmung)* $\Longrightarrow$ *(Schuldnachweis)*

2. *(Keine Übereinstimmung)* $\Longrightarrow$ *(Unschuldsnachweis)*

3. *(Täterschaft des Verdächtigen)* $\Longrightarrow$ *(Übereinstimmung)*

4. *(Unschuld des Verdächtigen)* $\Longrightarrow$ *(Keine Übereinstimmung)*

An der Gültigkeit der Implikationen 3.1 ... 3.4 von Seite 93 sollte zwar kein Zweifel mehr bestehen. Dennoch, auch der Vollständigkeit halber, weisen wir nachfolgend deren Gültigkeit per Wahrheitswertetabelle und *Tautologieprobe* nach:

A	B	$A \Longleftarrow B$	$A \Longrightarrow B$	$(A \Longleftrightarrow B)$ $\Longrightarrow (A \Longrightarrow B)$
1	1	1	1	1
1	0	0	0	1
0	1	0	1	1
0	0	1	1	1

(3.1)

A	B	$A \Longleftarrow B$	$B \Longrightarrow A$	$(A \Longleftrightarrow B)$ $\Longrightarrow (B \Longrightarrow A)$
1	1	1	1	1
1	0	0	1	1
0	1	0	0	1
0	0	1	1	1

(3.2)

A	B	$\overline{A}$	$\overline{B}$	$A \Longleftrightarrow B$	$\overline{A} \Longrightarrow \overline{B}$	$(A \Longleftrightarrow B)$ $\Longrightarrow (\overline{A} \Longrightarrow \overline{B})$
1	1	0	0	1	1	1
1	0	0	1	0	1	1
0	1	1	0	0	0	1
0	0	1	1	1	1	1

$$(3.3)$$

A	B	$\overline{A}$	$\overline{B}$	$A \Longleftrightarrow B$	$\overline{B} \Longrightarrow \overline{A}$	$(A \Longleftrightarrow B)$ $\Longrightarrow (\overline{B} \Longrightarrow \overline{A})$
1	1	0	0	1	1	1
1	0	0	1	0	0	1
0	1	1	0	0	1	1
0	0	1	1	1	1	1

$$(3.4)$$

3.6.3 Hinreichende und notwendige Bedingungen

Wir kommen zurück auf Abschnitt 3.2.1 (S. 75 ff) und erinnern uns:

$$(A \Longrightarrow B) \quad \Longleftrightarrow \quad \textit{(A ist hinreichende Bedingung für B)}$$
$$\Longleftrightarrow \quad \textit{(B ist notwendige Bedingung für A)}$$

Durch einfache Vertauschung von A und B ergänzen wir:

$$(B \Longrightarrow A) \quad \Longleftrightarrow \quad \textit{(B ist hinreichende Bedingung für A)}$$
$$\Longleftrightarrow \quad \textit{(A ist notwendige Bedingung für B)}$$

Nun fassen wir zusammen:

$$(A \Longleftrightarrow B) \quad \Longleftrightarrow \quad ((A \Longrightarrow B) \wedge (A \Longleftarrow B))$$
$$\Longleftrightarrow \quad \textit{(A ist hinreichende und notwendige Bedingung für B)}$$
$$\Longleftrightarrow \quad \textit{(B ist hinreichende und notwendige Bedingung für A)}$$

Damit haben wir eine weitere *Sprechweise für die Äquivalenz* zweier Aussagen aufgezeigt:

> *Zwei Aussagen A und B*
> *sind genau dann äquivalent zueinander,*
> *wenn sie gegenseitig und füreinander*
> *hinreichende und notwendige Bedingungen sind.*

- *(Die Teilbarkeit einer natürlichen Zahl durch 9)*
  ist hinreichende und notwendige Bedingung dafür,
  (dass die Quersumme dieser Zahl durch 9 teilbar ist.)
- *(Die Teilbarkeit der Quersumme durch 9)*
  ist hinreichende und notwendige Bedingung für
  (die Teilbarkeit der Zahl selber durch 9.)
- *(Die Übereinstimmung der Fingerabdrücke)*
  ist hinreichende und notwendige Bedingung für
  (die Überführung des Verdächtigen als Täter.)
- *(Die Überführung des Verdächtigen als Täter)*
  ist hinreichende und notwendige Bedingung für
  (die Übereinstimmung der Fingerabdrücke.)

3.6.4 Dann und nur dann...

Die Möglichkeit, *hinreichende Bedingungen* sprachlich mit » *wenn ... dann....«* auszudrücken, haben wir bereits ausführlich erörtert, ebenso die Möglichkeit, eine *notwendige Bedingung* sprachlich mit »*Nur dann, wenn.......«* auszudrücken.

Ist eine Aussage *A* gleichzeitig *hinreichende und notwendige Bedingung* für eine Aussage *B*, so sind, wie wir gerade gelernt haben, *A* und B *äquivalente Aussagen.*

Andererseits kann man diese Äquivalenz auch folgendermaßen charakterisieren:

$$\underbrace{\underbrace{(Bereits\ wenn\ A,\ dann\ B)}_{A\ hinreichend\ für\ B} \wedge \underbrace{(Nur\ dann,\ wenn\ A,\ dann\ B)}_{A\ notwendig\ für\ B}}_{A\ \Longleftrightarrow\ B}$$

Etwas verkürzt und »*sprachlich geglättet*« kann man sagen:

> » A *gilt   dann und nur dann,   wenn* B *gilt*«
> ist *äquivalent* zur
> *Äquivalenz von* A *und* B $(A \Longleftrightarrow B)$.

Dazu gleichwertig ist natürlich auch:

$$\underbrace{\underbrace{(Bereits\ wenn\ B,\ dann\ A)}_{B\ hinreichend\ für\ A} \wedge \underbrace{(Nur\ dann,\ wenn\ B,\ dann\ A)}_{B\ notwendig\ für\ A}}_{A\ \Longleftrightarrow\ B}$$

Und damit:

> » B *gilt   dann und nur dann,   wenn* A *gilt*«
> ist *äquivalent* zur
> *Äquivalenz von* A *und* B $(A \Longleftrightarrow B)$.

- *Eine natürliche Zahl ist*

  dann und nur dann durch 9 teilbar,

  wenn ihre Quersumme durch 9 teilbar ist.

- *Die Quersumme einer natürlichen Zahl ist*
  dann und nur dann durch 9 teilbar,
  wenn die Zahl selbst durch 9 teilbar ist.

- *Die verglichenen Fingerabdrücke stimmen*
  dann und nur dann überein,
  wenn der Verdächtige der Täter ist.

- *Der Verdächtige ist*
  dann und nur dann der Täter,
  wenn die Fingerabdrücke übereinstimmen

3.6.5 Die Äquivalenz, formuliert mit der Verneinung

Eine Äquivalenz zweier Aussagen lässt sich unter Verwendung einer *Verneinung* sehr kurz und prägnant formulieren.
Wir gehen einmal mehr von der Darstellung der *Äquivalenz* durch die *hinreichende und die notwendige Bedingung* aus:

$$(A \iff B) \quad \iff \quad [(A \implies B) \land (B \implies A)]$$

Nun wenden wir die *Kontraposition* an (vgl. Seite 73) und ersetzen
$(B \implies A) \quad \iff \quad (\overline{A} \implies \overline{B}):$

$$(A \iff B) \quad \iff \quad \left[(A \implies B) \land (\overline{A} \implies \overline{B})\right]$$

Eine Äquivalenz der Aussagen A und B liegt also genau dann vor, wenn *aus der Aussage A die Aussage B folgt,*
und aus der Gegenaussage von A die Gegenaussage von B folgt.

Gleichwertiges ergibt sich natürlich auch, wenn die *Prämisse* mit der *Konklusion* vertauscht wird:

Eine Äquivalenz der Aussagen *A* und *B* liegt also genau dann vor,
wenn *aus der Aussage B   die Aussage A   folgt,*
und aus der Gegenaussage von B   die Gegenaussage von A   folgt.

Etwas verkürzt und »*sprachlich geglättet*« kann formuliert werden:

> *Genau dann sind A und B äquivalente Aussagen,*
> *wenn aus der Aussage A die Aussage B folgt,*
> *und aus dem Gegenteil von A das Gegenteil von B.*

bzw.

> *Genau dann sind A und B äquivalente Aussagen,*
> *wenn aus der Aussage B die Aussage A folgt,*
> *und aus dem Gegenteil von B das Gegenteil von A.*

- Der Satz
  »*Wenn eine natürliche Zahl durch 9 teilbar ist,*
  dann ist ihre Quersumme durch 9 teilbar,
  andernfalls nicht!«
  beschreibt die Äquivalenz der beiden Aussagen vollständig.
- Dasselbe gilt für den Satz:
  »*Wenn die Quersumme einer natürliche Zahl durch 9 teilbar ist,*
  dann ist auch die Zahl selber durch 9 teilbar,
  andernfalls nicht!«

- Auch der folgende Satz:
  »*Wenn eine Übereinstimmung der Fingerabdrücke vorliegt,*

> *dann ist der Verdächtige als Täter überführt.*
> *andernfalls ist seine Unschuld bewiesen!*«

beschreibt die Äquivalenz der beiden Aussagen vollständig.

- Dasselbe gilt für:
  > *Wenn keine Übereinstimmung der Fingerabdrücke vorliegt,*
  > *dann ist der Verdächtige als Nichttäter entlastet,*
  > *andernfalls ist seine Schuld bewiesen!*«

4 Logisches Folgern, anwendungsbezogen

4.1 Zurück zur Einleitung

Es ist an der Zeit, die in der Einleitung von mir aufgeworfenen inhaltlichen Fragestellungen (vgl. Seite 9) erneut aufzugreifen und diese, unter Berücksichtigung der entwickelten Gesetze und Begriffe, final abzuhandeln.

> *Wenn alle Verkehrsteilnehmer alle Verkehrsregeln beachten,*
> *so folgt daraus,*
> *dass keine Verkehrsunfälle passieren.*

- Zweifelsohne liegt hier eine typische *Implikation* vor:
  (Alle Verkehrsteilnehmer beachten alle Verkehrsregeln)
  $\Longrightarrow$ *(Es passieren keine Verkehrsunfälle)*
- Schon die Verneinung der Prämisse ist keine triviale Aufgabe:
  (Mindestens ein VT missachtet mindestens eine VR)
  lautet diese in korrekter Formulierung.
  Ob nur sehr selten oder vieltausendfach gegen die Verkehrsregeln verstoßen wird, ob nur durch wenige Personen oder durch sehr viele, das kann rein logisch nicht erfasst bzw. nicht dargestellt werden.
- Wir können, reiner Logik folgend, keinerlei Erkenntnis gewinnen, wenn die Prämisse als falsch angenommen wird.

Wenn nämlich stattdessen deren logisches Gegenteil wahr ist, so kann die Konklusion wahr sein, es kann aber auch deren logisches Gegenteil wahr sein. Die Situation ist völlig unbestimmt. Ein einziger Verstoß gegen geltende Verkehrsregeln kann, ebenso wie vieltausendfache Verstöße, zu Verkehrsunfällen führen, zu vielen Unfällen wie auch zu sehr wenigen. Und, glücklicherweise, können rein logisch betrachtet, wenige wie auch sehr viele Regelverstöße folgenlos bleiben im Sinne der Verkehrsunfälle.

- Ebensowenig kann logisch etwas gefolgert werden, wenn die Konklusion als wahr angenommen wird, also das Nichtauftreten von Verkehrsunfällen. Dieses Ereignis ist sowohl mit konsequentem Einhalten aller Verkehrsregeln als auch mit dem Gegenteil, nämlich dem mindestens einmaligen Verstoß durch mindestens eine Person, logisch vereinbar, sogar mit mehrfachen Verstößen durch mehrere Personen. Die Verstöße gegen die Verkehrsregeln müssen (glücklicherweise) nicht zwanghaft Konsequenzen in Form von Verkehrsunfällen gehabt haben. Von der reinen Logik her kann, auch in diesem Beispiel, nicht aus einer vorgegebenen wahren Implikation auf den Wahrheitsgehalt ihrer Umkehrung geschlossen werden.

- Völlig anders liegen die Dinge, wenn die ursprüngliche Konklusion als falsch angenommen wird. In diesem Falle haben wir von der Gültigkeit der Kontraposition der Implikation auszugehen, die, wie wir gesehen haben, äquivalent, also logisch gleichwertig zur gültigen Implikation selber ist.
Hat es demnach auch nur einen einzigen Verkehrsunfall gegeben (mindestens ein Verkehrsunfall), so hat mindestens ein Verkehrsteilnehmer mindestens eine Verkehrsregel verletzt.

- Die Frage der hinreichenden und notwendigen Bedingungen kann, logischen Gesetzen folgend, präzise und klar beantwortet werden.

Das Zutreffen der Prämisse ist eine hinreichende Bedingung für das Zutreffen der Konklusion. Also ist die Befolgung aller Verkehrsregeln durch alle Verkehrsteilnehmer eine hinreichende Bedingung für das Nichtauftreten von Verkehrsunfällen.

Das Zutreffen der Konklusion wiederum ist notwendige Bedingung für das Zutreffen der Prämisse. Demnach ist das Nichtauftreten von Verkehrsunfällen eine notwendige Bedingung dafür, dass alle Verkehrsteilnehmer alle Verkehrsregeln beachten.

4.2 Logische Aufgaben und Rätsel

Abschließend möchte ich Ihnen, liebe Leserinnen und Leser, einige logische Problemstellungen in Gestalt von Rätseln vorstellen, gemeinsam mit den Lösungen und Lösungswegen für diese Problemstellungen, die sich allesamt mit Methoden bewältigen lassen, die im vorausgegangenen Text abgehandelt wurden.

4.2.1 Eine problematische Einladung

Alois und *Christine* können entweder beide zusammen oder gar nicht eingeladen werden. Von den beiden Damen *Brigitte* und *Christine* wird mindestens eine eingeladen. *Alois* und *Brigitte* können nicht zusammen eingeladen werden.

Aber wer wird denn nun eingeladen und wer nicht?

Für die Lösung definieren wir zunächst formal 3 Elementaraussagen und belegen diese mit Variablen:

$$A \iff \text{»\textbf{A}\textit{lois wird eingeladen.}«}$$
$$B \iff \text{»\textbf{B}\textit{rigitte wird eingeladen.}«}$$
$$C \iff \text{»\textbf{C}\textit{hristine wird eingeladen.}«}$$

Mit diesen Elemantaraussagen werden die 3 Bedingungen folgendermaßen formalisiert:

1. $(A \wedge C) \vee \left(\overline{A} \wedge \overline{C}\right) \iff (A \iff C)$
2. $\left(\overline{\overline{B} \wedge \overline{C}}\right) \iff (B \vee C)$
3. $\left(\overline{A \wedge B}\right) \iff \left(\overline{A} \vee \overline{B}\right)$

Es muss nun ermittelt werden, für welchen der möglichen ($2^3 = 8$) Wahrheitswertekombinationen der drei Elementaraussagen A, B, C die UND-Verknüpfung der obigen 3 Aussagen, also

$(A \iff C) \wedge (B \vee C) \wedge \left(\overline{A} \vee \overline{B}\right)$,

zur *wahren Aussage* wird.

Zu diesem Zweck stellen wir eine Wahrheitswertetabelle auf:

A	B	C	(i) $A \iff C$	(ii) $B \vee C$	(iii) $\overline{A} \vee \overline{B}$	(i) $\wedge$ (ii) $\wedge$ (iii)	
1	1	1	1	1	0	**0**	
1	1	0	0	1	0	**0**	
1	0	1	1	1	1	**1**	$\checkmark$
1	0	0	0	0	1	**0**	
0	1	1	0	1	1	**0**	
0	1	0	1	1	1	**1**	$\checkmark$
0	0	1	0	1	1	**0**	
0	0	0	1	0	1	**0**	

Nur in 2 Zeilen wird die zu untersuchende Aussage *wahr*. Wir lesen aus diesen Zeilen ab, dass die einzigen Einladungsmöglichkeiten darin bestehen, Alois und Christine gemeinsam einzuladen oder Brigitte alleine.

4.2.2 Ein Lügnerproblem

Von 3 Personen, nennen wir sie **A**nne, **B**ernd und **C**lemens, wissen wir, dass sie, jeder für sich, entweder immer die Wahrheit sagen oder immer lügen.
Aufgrund von 2 verbalisierten Aussagen aus diesem Personenkreis soll ermittelt werden, wer Lügner ist und wer nicht.
Die Aussagen lauten folgendermaßen:

1. **A**nne sagt: *»Entweder Bernd lügt oder Clemens lügt«*
2. **B**ernd sagt: *»Anne lügt und Clemens lügt«*

Für die Lösung definieren wir formal 3 Elementaraussagen und belegen diese mit Variablen:

$$A \iff \text{\it »}\textbf{\textit{A}}\textit{nne sagt immer die Wahrheit.«}$$
$$B \iff \text{\it »}\textbf{\textit{B}}\textit{ernd sagt immer die Wahrheit.«}$$
$$C \iff \text{\it »}\textbf{\textit{C}}\textit{lemens sagt immer die Wahrheit.«}$$

Jetzt gilt es, die beiden gegebenen Aussagen zu formalisieren:

1. *Anne* sagt: $»\left(\overline{B} \veebar \overline{C}\right)«$
2. *Bernd* sagt: $»\left(\overline{A} \wedge \overline{C}\right)«$

Nun wird die von Anne gemachte Aussage $\left(\overline{B}\dot{\vee}\overline{C}\right)$ genau dann *wahr*, wenn Anne die Wahrheit sagt, also A *wahr* ist, und die von ihr gemachte Aussage wird genau dann *falsch*, wenn sie lügt, also wenn A falsch ist.

Die Gesamtsituation von Annes Aussage lässt sich also durch den logischen Term $\left[A \iff \left(\overline{B}\dot{\vee}\overline{C}\right)\right]$ beschreiben.

In analoger Weise lässt sich die Gesamtsituation von Bernds Aussage durch den logischen Term $\left[B \iff \left(\overline{A}\wedge\overline{C}\right)\right]$ beschreiben.

Beide logischen Terme, zusammengenommen also der Term
$$\left[A \iff \left(\overline{B}\dot{\vee}\overline{C}\right)\right] \wedge \left[B \iff \left(\overline{A}\wedge\overline{C}\right)\right],$$
muss laut Aufgabenstellung erfüllt werden, also *wahr* werden.

Ob und wie dies ggf. möglich ist, das überprüfen wir nachfolgend mit Hilfe einer Wahrheitswertetabelle:

A	B	C	$\overline{B}\dot{\vee}\overline{C}$	(i) $A \Leftrightarrow \left(\overline{B}\dot{\vee}\overline{C}\right)$	$\overline{A}\wedge\overline{C}$	(ii) $B \Leftrightarrow \left(\overline{A}\wedge\overline{C}\right)$	(i) $\wedge$ (ii)
1	1	1	0	0	0	0	**0**
1	1	0	1	1	0	0	**0**
1	0	1	1	**1**	0	1	**1**
1	0	0	0	0	0	1	**0**
0	1	1	0	1	0	0	**0**
0	1	0	1	0	1	1	**0**
0	0	1	1	0	0	1	**0**
0	0	0	0	1	1	0	**0**

Nur in einer einzigen Zeile, für eine einzige Wahrheitswerteverteilung, nämlich A *wahr*, B *falsch* und C *wahr*, wird der die Augfgabenstellung repräsentierende Term *wahr*, für alle anderen Wahrheitswerteverteilungen wird er *falsch*. Also sagen *Anne* und *Clemens* immer die Wahrheit, während *Bernd* immer lügt.

4.2.3 Ein weiteres Lügnerproblem

In einem wieteren Beispiel dieser Art geht es um *Alice, Bobby und Chris*, die folgende Behauptungen aufstellen:

1. *Alice sagt:*   »*Entweder Bobby sagt die Wahrheit, oder Chris sagt die Wahrheit.*«
2. *Bobby sagt:*   »*Chris sagt die Wahrheit.*«
3. *Chris sagt:*   »*Alice und Bobby sagen die Wahrheit.*«

Hier kann, dem aus dem vorigen Problem bekannten Beweisschema folgend, logisch unwiderlegbar nachgewiesen werden, dass alle 3 Personen Lügner sind und die Unwahrheit sagen.

Man kann das auch so ausdrücken, dass die durch die 3 Aussagen dargestellte Situation in der Realität nicht vorkommen kann, denn die *Konjunktion, die UND-Verknüpfung* der drei Aussagen ist *logisch nicht erfüllbar*, sie *kann unter keinen Umständen wahr werden!*

4.2.4 Ein Hauptgewinn

Im Finale einer Quizshow erhält ein Kandidat die Chance, den Hauptgewinn des Abends, eine bedeutende sechsstellige Eurosumme, zu gewinnen. Der Geldgewinn befindet sich in einem Tresor, zu dem es genau einen passenden Schlüssel gibt.

Vom verantwortlichen Notar wird dieser Schlüssel *im Geheimen* an eine der drei Quizassistentinnen *Arabella, Bellinda oder Celina* übergeben. Nur der Notar und die Assistentinnen wissen danach, wer den Tresorschlüssel bei sich hat. Gleichzeitig wird diejenige von den Dreien, die den Schlüssel bei sich hat, verpflichtet, dem Kandidaten gegenüber *nur die Wahrheit zu sagen*. Die beiden anderen Assistentinnen, die den Schlüssel nicht haben, dürfen dem Kandidaten gegenüber *nur die Unwahrheit sagen*.

Genau dies wird dem Kandidaten mitgeteilt, und anschließend sagen die Assistentinnen folgendes:

1. *Arabella sagt:* »*Ich habe den Schlüssel.*«
2. *Celina sagt:* »*Arabella hat den Schlüssel nicht.*«
3. *Bellinda sagt:* »*Ich habe den Schlüssel.*«
4. *Arabella sagt:* »*Bellinda hat den Schlüssel nicht.*«
5. *Celina sagt:* »*Ich habe den Schlüssel.*«

Danach soll der Kandidat raten, oder ggf. logisch analysieren, bei welcher der drei Assistentinnen der Schlüssel zu finden ist. Ist seine Antwort richtig, gewinnt er den Preis, andernfalls nicht.

Ist ihm der Preis, wenn er *richtig* überlegt, nicht mehr zu nehmen?

Das Beispiel hätte den Weg in dieses Buch nicht gefunden, wäre die rein logische Lösung nicht möglich, das habe Sie vollkommen richtig erkannt! Es gibt *nur einen einzigen Schlüssel*, anders die Situation nicht realistisch darstellbar. Also sagt auch nur eine der Assistentinnen die Wahrheit, zwei von ihnen lügen. Die 1.Aussage sowie die 3. und die 5.Aussage sind in diesem Sinne stimmig, die Existenz *genau eines Schlüssels* wird betätigt. Für die weitere Lösung werden sie nicht mehr benötigt. In der noch zu entwickelnden Wahrheitswerte-

tabelle werden wir nur 3 Zeilen zu untersuchen haben.
Zunächst formalisieren wir die 3 Elementaraussagen:

$$A \iff \text{»}\textbf{A}\textit{rabella hat den Schlüssel.«}$$
$$B \iff \text{»}\textbf{B}\textit{ellinda hat den Schlüssel.«}$$
$$C \iff \text{»}\textbf{C}\textit{elina hat den Schlüssel.«}$$

Die beiden anderen vorgegbenen Aussagen lassen sich folgendermaßen formalisieren:

2. **C**elina sagt: $\text{»} \overline{A} \text{«}$
4. **A**rabella sagt: $\text{»} \overline{B} \text{«}$

Wenn die Aussage C gilt, *Celina* also den Schlüssel hat, dann sagt *Celina* die Wahrheit und das, was sie sagt (2.), ist wahr. Hat sie den Schlüssel aber nicht, so ist das, was sie sagt (2.), falsch.
Celinas Aussage lässt sich also als $\left(C \iff \overline{A} \right)$ formalisieren.
Dasselbe gilt für *Arabella* und ihre Aussage,
also lässt ihre Aussage (4.) sich als $\left(A \iff \overline{B} \right).$ formalisieren.

Es muss gefordert werden, dass sowohl die Aussage Nr.2 als auch die Aussage Nr.4 erfüllt sind, dass also auch die *UND-Verknüpfung* beider Aussagen wahr wird, dass also folgenden Aussage wahr wird:
$$\left(C \iff \overline{A} \right) \quad \wedge \quad \left(A \iff \overline{B} \right)$$
Wir stellen für diese Aussage nun die Wahrheitswertetabelle auf:

A	B	C	$\overline{A}$	$\overline{B}$	$C \iff \overline{A}$	$A \iff \overline{B}$	$\left(C \iff \overline{A} \right) \wedge \left(A \iff \overline{B} \right)$	
1	0	0	0	1	1	1	**1**	$\checkmark$
0	1	0	1	0	0	0	**0**	
0	0	1	1	1	1	0	**0**	

Die Aussage ist genau dann erfüllt, wenn *Arabella* den Schlüssel hat. Wahrheitsgemäß sagt sie, dass sie den Schlüssel selber hat und dass *Bellinda* ihn nicht hat. *Bellinda* sagt nur, nicht wahrheitsgemäß, aber korrekt im Sinne der Aufgabenstellung, dass sie den Schlüssel habe. Dasselbe sagt *Celina* von sich, ebenso falsch, wie gefordert. Und *Celina* sagt auch, ebenso falsch und damit korrekt im Sinne der Aufgabenstellung, dass *Arabella* den Schlüssel nicht habe.

4.2.5 Ein (un)gelöster Kriminalfall

Kriminalkommissar *Scharfsinn* grübelt. Für die von ihm ermittelte Straftat gibt es 4 Verdächtige, die wir *p*, *q*, *r und s* nennen wollen.

Folgende Ermittlungsergebnisse liegen ihm vor und sind in ihrem Wahrheitsgehalt abgesichert:

1. *Wenn q schuldig ist, dann sind sowohl p als auch s schuldig, also beide.*
2. *Wenn r beteiligt ist, dann ist s unschuldig.*
3. *Es gibt mindestens 2 Schuldige.*

Rein logisch, folgert der Kommissar, ist der Fall nicht vollständig, aber zumindest teilweise gelöst. Ich kann sogar schon Verhaftungen vornehmen.
Wen verhaftet er und welche Optionen bleiben noch offen?

Zur Lösung
werden folgende Elementaraussagen definiert und mit Variablen bezeichnet:

P	$\Longleftrightarrow$	»*p ist Täter*«	Q	$\Longleftrightarrow$	»*q ist Täter*«
R	$\Longleftrightarrow$	»*r ist Täter*«	S	$\Longleftrightarrow$	»*s ist Täter*«

Die bekannten Ermittlungsergebnisse können damit als Aussagen formalisiert werden:

1. $Q \implies (P \wedge S)$
2. $R \implies \overline{S}$

Beide Aussagen müssen erfüllt sein, und damit muss auch die Aussage $[Q \implies (P \wedge S)] \wedge [R \implies \overline{S}]$ erfüllt sein.

Die ausgeschlossene Einzeltäterschaft lassen wir vorläufig unbeachtet und kommen später darauf zurück.

Wir stellen jetzt eine Wahrheitswertetabelle auf für alle denkbaren Kombinationen der 4 Elementaraussagen (16 Zeilen) und untersuchen die aus den Ermittlungsergebnissen gewonnene UND-Aussage:

					(1.)	(2.)		
P	Q	R	S	$(P \wedge S)$	$Q \Longrightarrow (P \wedge S)$	$(R \Longrightarrow \overline{S})$	$(1.) \wedge (2.)$	
1	1	1	1	1	1	0	**0**	
1	1	1	0	0	0	1	**0**	
1	1	0	1	1	1	1	**1**	$\checkmark$
1	1	0	0	0	0	1	**0**	
1	0	1	1	1	1	0	**0**	
1	0	1	0	0	1	1	**1**	$\checkmark$
1	0	0	1	1	1	1	**1**	$\checkmark$
1	0	0	0	0	1	1	**1**	1 Täter
0	1	1	1	0	0	0	**0**	
0	1	1	0	0	0	1	**0**	
0	1	0	1	0	0	1	**0**	
0	1	0	0	0	0	1	**0**	
0	0	1	1	0	1	0	**0**	
0	0	1	0	0	1	1	**1**	1 Täter
0	0	0	1	0	1	1	**1**	1 Täter
0	0	0	0	0	1	1	**1**	0 Täter

Die aussagenlogische Analyse von 2 der 3 Ermittlungsergebnisse hat also in 7 Zeilen der Wahrheitswertetabelle ein *wahres* Ergebnis erbracht, also Wahrheitswertekombinationen der Elementaraussagen, die logisch möglich sind.

3 dieser Möglichkeiten führen auf einen Einzeltäter (Zeilen Nr. 8, 14 und 15), eine (Zeile Nr. 16) auf *keinen einzigen Täter*. Wegen des 3. Ermittlungsergebnisses fallen diese Lösungen aber weg.

Als mögliche Lösungen bleiben die Möglichkeiten *p, q, s als Täter*, *p, r als Täter* und *p, s als Täter* übrig. Egal, welche der Möglichkeiten zutrifft, *p* gehört als Täter auf jeden Fall dazu und kann verhaftet werden. Er kann mit *q* und *s* zu dritt die Tat begangen haben, oder zu zweit mit *r*, oder zu zweit mit *s*.

4.2.6 Ein weiterer Kriminalfall

Wieder ermitteln Kommissar *Scharfsinn*. Er hat es wieder mit 4 Verdächtigen zu tun, die wir wiederum **p**, **q**, **r** *und* **s** nennen wollen.

Folgende gesicherte Ermittlungsergebnisse liegen ihm vor:

1. **p** *ist genau dann schuldig, wenn* **q** *unschuldig ist.*
2. **r** *ist genau dann unschuldig, wenn* **s** *schuldig ist.*
3. *Wenn* **s** *unschuldig ist, dann ist auch* **p** *unschuldig, und umgekehrt.*
4. *Wenn* **s** *schuldig ist, dann ist* **q** *beteiligt.*

Zur Lösung

werden wieder mit den Elementaraussagen

$$P \iff \text{»}p \text{ ist Täter«} \qquad Q \iff \text{»}q \text{ ist Täter«}$$
$$R \iff \text{»}r \text{ ist Täter«} \qquad S \iff \text{»}s \text{ ist Täter«}$$

die 4 Ermittlungsergebnisse als Aussagen formuliert:

1. $P \iff \overline{Q}$ 2. $\overline{R} \iff S$
3. $(S \implies P) \wedge (P \implies S)$ 4. $S \implies Q$

In der nun aufzustellenden 16-zeiligen Wahrheitswertetabelle ergibt sich nur eine einzige Zeile, in der die UND-Verknüpfung der formalisierten Ermittlungsergebnisse *wahr* wird. Demnach sind die Verdächtigen p und s *unschuldig*, q und r hingegen die Täter.

4.2.7 Und ein letzter Kriminalfall

Unser Kommissar *Scharfsinn* hat es erneut mit 4 Verdächtigen zu tun, die wir auch diesmal mit *p*, *q*, *r* *und* *s* benennen.

Seine gesicherten Ermittlungsergebnisse sind die folgenden:

1. *p kommt nur als Alleintäter in Frage.*

2. *r und s haben entweder die Tat gemeinsam begangen oder sie sind beide unschuldig.*

3. *q kommt als Täter dann und nur dann in Frage, wenn auch r schuldig ist.*

4. *Aus der Schuld von q folgt die Schuld von p und umgekehrt.*

Zur Lösung
werden wieder mit den Elementaraussagen

$$P \iff \text{»}p \text{ ist Täter«} \qquad Q \iff \text{»}q \text{ ist Täter«}$$
$$R \iff \text{»}r \text{ ist Täter«} \qquad S \iff \text{»}s \text{ ist Täter«}$$

die 4 Ermittlungsergebnisse als Aussagen formuliert:

1. $P \implies \left(\overline{Q} \wedge \overline{R} \wedge \overline{S}\right)$ 2. $(R \wedge S) \veebar \left(\overline{R} \wedge \overline{S}\right)$

3. $Q \iff R$ 4. $(Q \implies P) \wedge (P \implies Q)$

Wir stellen eine Wahrheitswertetabelle mit allen denkbaren Kombinatonen unserer 4 Elementaraussagen auf (16 Zeilen) und bestimmen darin die Wahrheitswerte für die 4 formalisierten Ermittlungsergebnisse sowie für deren UND-Verknüpfung:

P	Q	R	S	$(\overline{Q}\wedge\overline{R}\wedge\overline{S})$	(1.) $P\Rightarrow(\overline{Q}\wedge\overline{R}\wedge\overline{S})$	$(R\wedge S)$	$(\overline{R}\wedge\overline{S})$	(2.) $(R\wedge S)\,\dot\vee\,(\overline{R}\wedge\overline{S})$	(3.) $Q\Leftrightarrow R$	(4.) $Q\Leftrightarrow P$	$(1.)\wedge(2.)\wedge(3.)\wedge(4.)$
1	1	1	1	0	0	1	0	1	1	1	**0**
1	1	1	0	0	0	0	0	0	1	1	**0**
1	1	0	1	0	0	0	0	0	0	1	**0**
1	1	0	0	0	0	0	1	1	0	1	**0**
1	0	1	1	0	0	1	0	1	0	0	**0**
1	0	1	0	0	0	0	0	0	0	0	**0**
1	0	0	1	0	0	0	0	0	1	0	**0**
1	0	0	0	0	0	0	1	1	1	0	**0**
0	1	1	1	0	0	1	0	1	1	0	**0**
0	1	1	0	1	1	0	0	0	1	0	**0**
0	1	0	1	0	1	0	0	0	0	0	**0**
0	1	0	0	0	1	0	1	1	0	0	**0**
0	0	1	1	0	1	1	0	1	0	1	**0**
0	0	1	0	0	1	0	0	0	0	1	**0**
0	0	0	1	0	1	0	0	0	1	1	**0**
0	0	0	0	1	1	0	1	1	1	1	**1**

Nur in einer einzigen Zeile wird die aus den Ermittlungsergebnissen zusammengesetzte Aussage *wahr*, was in diesem Falle so zu interpretieren ist, dass alle Verdächtigen unschuldig sind und als sicher entlastet gelten können!

5 Danke

Das erste aus meiner Feder stammende Buch ist soweit korrigiert und redigiert, dass es nunmehr auch in meinen eigenen Augen bereit ist zur Veröffentlichung.
Nicht nur für mich allein ist dies ist ein Anlass zur Freude!
Ohne die tatkräftige, konstruktive und kritische Mitwirkung lieber Menschen, die mir und diesem Buchprojekt sehr wohlgesonnen sind, wäre diese Erstveröffentlichung nicht möglich gewesen.

Den gesamten, Jahre andauernden Entstehungsprozess, von der ersten Idee bis hin zur letzten ins Manuskript eingetippten Verbesserung, hat *meine Ehefrau Beate Wegner* begleitet. Vor allem *mich* hat sie in dieser Zeit begleitet, an mich und meine Idee geglaubt, mich immer wieder in dem Beschluss bestärkt, dieses Projekt weiter voranzutreiben. Dafür danke ich ihr sehr herzlich, ebenso wie für ihre niemals endende Geduld, sich ungezählte unfertige Formulierungen angehört, diese verbessert oder gutgeheißen zu haben. Ohne *Beates* guten Geschmack und ihre Entscheidungsfreudigkeit in Fragen von Stil und Design wäre auch das Buchlayout keinesfalls rechtzeitig fertig geworden!

Bei meinen Söhnen *Felix Wegner* und *Moritz Wegner*, ebenso wie bei Frau *Birgit Brüdigam* und Herrn *Harald Benad* bedanke ich mich sehr herzlich für die detaillierte, konstruktiv kritische inhaltliche Prüfung des Manuskriptes in verschiedenen Phasen seiner Entstehung. Zahlreiche Anmerkungen und Verbesserungsvorschläge dieser Rezensenten gaben Anlass zu inhaltlichen Überarbeitungen und sind auf diesem Wege in das Buch mit eingeflossen.

Durch zielsicheres Aufspüren und die Korrektur von Rechtschreibfehlern, Grammatikfehlern und stilistisch missglückten Textpassagen haben sowohl meine Söhne als auch Herr *Dr. Thomas Braun* für die Sicherung, streckenweise auch für eine Steigerung der Sprachqualität im Text gesorgt. Dafür bedanke ich mich sehr herzlich bei ihnen.

Stichwortverzeichnis

A

Äquivalenz 20, 27
Allaussage **81**, 82
Antivalenz 48
Aufgabe, Rätsel
    Hauptgewinn 107
    Kriminalfall . . . . 110, 113 f.
    Lügnerproblem 107
    Lügnerproblem 105
Aussage
    logische **13**, 18
Aussageform
    logische **17**, 18
Axiom 15

B

Bedingung
    hinreichend **65**, 75
    notwendig **76**
    zugleich notw.u.hinr. . . . 96
Bereits wenn . . . , dann 64
Beweis
    direkt 65
    indirekt

    durch Kontraposition 78
    durch Widerspruch . . . 68

D

Dann und nur dann **97**
Disjunktion
    Mehrfachdisjuktion 36

E

Elementaraussage **16**
Existenzaussage **81**, 82

G

Gegenaussage **19**
Genau dann, wenn **93**
Gesetz
    logisches . . . . . . **20**, 24 – 31
    Assoziativgesetze 35
    Distributivgesetze . . **37**, 38
        Beweise 38
    dopp. Verneinung . . **20**, 29
    Gesetze von de Morgan **41**
        für Disjunktionen 42
        für Konjunktionen . . 41 f.

Idempotenzgesetz
  für Disjunktionen 32
  für Konjunktionen . . . 32
Kommutativgesetz
  für Disjunktionen 33
  für Konjunktionen . . . 33

I

Implikation **55**
  Gegenaussage 59, 79
  Gegenbeispiel 80
  Konklusion 55
  logische Definition 59
  Negation 59
  Negierung 79
  Prämisse 55
  Umkehrung 83
  Wahrheitswertetabelle . 59

K

Kommutativgesetz 33
Konjunktion 32
  Mehrfachkonjunktion . . 36
Kontradiktion **26**
Kontraposition 79

L

logische Algebra 31
logische Sprache
  formale logische 17

M

Mehrfachdisjunktion 36
Mehrfachkonjunktion 36
Mengenlehre 22, 24

N

Negation . . . *vgl.* Gegenaussage
Negierung . . *vgl.* Gegenaussage
Nur dann, wenn 77

O

ODER-Verknüpfung
  alternativ 24, 48
  ausschließend 24, 48
  einschließend 22, 24
  Entweder-ODER . . . 24, 48
Operator
  logischer **17**

P

Prädikatenlogik 82

Q

Quantorenlogik 82

S

Schlussfolgerung
  logische . . *vgl.* Implikation
Schon wenn . . . , dann 64

Sprache
    formale logische **17**
    Umgangssprache 88

T

Tautologie......... **25**, 29, 31
Tautologieprobe........... 31
Term
    logischer **17**, 18
Tertium non datur........ **15**

V

Variable
    logische **17**, 18
Verknüpfung
    von Aussagen **16**, 17
        Äquivalenz........... 27
        alle denkbaren.... 44, 51
        Antivalenz 48
        Disjunktion(ODER)..22
        Entweder-ODER..... 48
        Konjunktion(UND) .. 21
Verneinung. *vgl.* Gegenaussage

W

Wahrheitswert 18
    einer Aussage 18
    eines logischen Terms .. 18
    falsch 13
    wahr................ 13
Widerspruch
    logischer 27